畜禽健康高效养殖环境手册

丛书主编：张宏福　林　海

肉鸭健康高效养殖

谢　明　袁建敏　王文策　侯水生◎主编

中国农业出版社
北　京

内容简介

本书介绍了主要离水旱养饲养方式下肉鸭饲养环境现状，重点阐述了饲养密度、温度、光照等主要环境因素对肉鸭生长发育和生理生化机能的影响，以及舍内环境状况对肉鸭养殖效益的影响。同时，归纳了肉鸭对饲养密度、温度、光照、有毒有害气体等主要环境参数推荐值，并列举了肉鸭主要离水饲养方式在企业应用的典型案例，旨在为肉鸭健康养殖和肉鸭产业绿色发展提供技术支撑及理论依据。

本书编写中力求反映当前肉鸭养殖环境现状和肉鸭养殖环境参数的最新研究成果。书中引用的数据大多来自大型肉鸭养殖场和国内外标准，具有较强的实用性和权威性，对肉鸭环境科学研究和肉鸭养殖实践环境控制具有重要的指导意义。

该书是目前关于肉鸭饲养环境参数的最新图书，适合于各大科研院所、高校从事肉鸭生产、环境卫生等相关领域，以及肉鸭养殖场技术人员参考使用。

丛书编委会

施振旦（江苏省农业科学院畜牧兽医研究所）
谢　明（中国农业科学院北京畜牧兽医研究所）
杨承剑（广西壮族自治区水牛研究所）
黄运茂（仲恺农业工程学院）
臧建军（中国农业大学）
孙小琴（西北农林科技大学）
顾宪红（中国农业科学院北京畜牧兽医研究所）
江中良（西北农林科技大学）
赵茹茜（南京农业大学）
张永亮（华南农业大学）
吴　信（中国科学院亚热带农业生态研究所）
郭振东（军事科学院军事医学研究院军事兽医研究所）

本书编写人员

主　编　谢　明（中国农业科学院北京畜牧兽医研究所）
　　　　袁建敏（中国农业大学）
　　　　王文策（华南农业大学）
　　　　侯水生（中国农业科学院北京畜牧兽医研究所）
副主编　唐　静（中国农业科学院北京畜牧兽医研究所）
　　　　卢连水（河北东风养殖有限公司）
　　　　王兆山（江苏众客食品股份有限公司）
　　　　张慧玲（山东荣达农业发展有限公司）
参　编　孙培新（中国农业科学院北京畜牧兽医研究所）
　　　　郝永胜（中国农业科学院北京畜牧兽医研究所）
　　　　黎　宇（华南农业大学）
　　　　杨永杰（华南农业大学）
　　　　崔家杰（华南农业大学）
　　　　许晏维（中国农业大学）
　　　　王　妍（江苏众客食品股份有限公司）
　　　　魏宝之（山东荣达农业发展有限公司）
　　　　徐海潮（河北东风养殖有限公司）

序一

畜牧业是关系国计民生的农业支柱产业，2020 年我国畜牧业产值达 4.02 万亿元，畜牧业产业链从业人员达 2 亿人。但我国现代畜牧业发展历程短，人畜争粮矛盾突出，基础投入不足，面临“养殖效益低下、疫病问题突出、环境污染严重、设施设备落后”4 大亟需解决的产业重大问题。畜牧业现代化是农业现代化的重要标志，也是满足人民美好生活不断增长的对动物性食品质和量需求的必由之路，更是实现乡村振兴的重大使命。

为此，“十三五”国家重点研发计划组织实施了“畜禽重大疫病防控与高效安全养殖综合技术研发”重点专项（以下简称“专项”），以畜禽养殖业“安全、环保、高效”为目标，面向“全封闭、自动化、智能化、信息化”发展方向，聚焦畜禽重大疫病防控、养殖废弃物无害化处理与资源化利用、养殖设施设备研发 3 大领域，贯通基础研究、共性关键技术研究、集成示范科技创新全链条、一体化设计布局项目，研究突破一批重大基础理论，攻克一批关键核心技术，示范、推广一批养殖提质增效新技术、新方法、新模式，推进我国畜禽养殖产业转型升级与高质量发展。

养殖环境是畜禽健康高效生长、生产最直接的要素，也是“全封闭、自动化、智能化、信息化”集约生产的基础条件，但却是长期以来我国畜牧业科学研究与技术发展中未予充分重视的短板。为此，“专项”于2016年首批启动的5个基础前沿类项目中安排了“养殖环境对畜禽健康的影响机制研究”项目。旨在研究揭示畜禽舍温热、有害气体、光照、群体密度、空气颗粒物气溶胶5类主要环境因子及其对畜禽生长、发育、繁殖、泌乳、健康影响的生物学机制，提出10种主要畜禽高密度养殖环境参数及其多元化控制模型，为我国不同气候生态区安全、高效养殖畜禽舍建设、环境控制提供依据，支撑“全封闭、自动化、智能化、信息化”养殖方式发展重大需求。

以张宏福研究员为首席科学家，由36个单位、94名骨干专家组成的项目团队，历时5年“三严三实”攻坚克难，取得了一批基础理论研究成果，发表了多篇有重要影响力的高水平论文，出版的《畜禽环境生物学》专著填补了国内外在该领域的空白，出版的“畜禽健康高效养殖环境手册”丛书是本专项基础前沿理论研究面向解决产业重大问题、支撑产业技术创新的重要成果。该丛书包括：猪、奶牛、肉牛、水牛、肉羊（绵羊、山羊）、蛋鸡、肉鸡、肉鸭、蛋鸭、鹅共 11 种畜禽的 10 个分册。各分册针对具体畜种阐述了现代化养殖模式下主要环境因子及其特点，提出了各环境因子的控制要求和标准；同时，图文并茂、视频配套地提供了先进的典型生产案例，以增强图书的可读性和实用性，可直接用于指导“全封闭、自动化、智能化、信息化”养殖场舍建设和环境控制，是畜牧业转型升级、高质量发展所急需的工具书，填补了国内外在畜禽健康养殖领域环境控制图书方面的空白。

“十三五”国家重点研发计划“养殖环境对畜禽健康的影响机制研究”项目聚焦“四个面向”，凝聚一批科研骨干，带动畜禽环境科学研究，是专项重要的亮点成果。但养殖场舍环境因子的形成和演变非常复杂，养殖舍环境因子对畜禽生产、健康乃至疫病防控的影响至关重要，多因子耦合优化调控还需要解决一系列技术经济工程难题，环境科学也需要“理论—实践—理论”的不断演进、螺旋式上升发展。因此，希望国家相关科技计划能进一步关注、支持该领域的持续研究，也希望项目团队能锲而不舍，抓住畜禽健康养殖和重大疫病防控“环境”这个“牛鼻子”继续攻坚，为我国畜牧业的高质量发展做出更大贡献。

陳焕春

2021年8月

序二

畜牧业是关系国计民生的重要产业，其产值比重反映了一个国家农业现代化的水平。改革开放以来，我国肉蛋奶产量快速增长，畜牧业从农村副业迅速成长为农业主导产业。2020 年我国肉类总产量 7 639 万 t，居世界第一；牛奶总产量 3 440 万 t，居世界第三；禽蛋产量 3 468 万 t，是第二位美国的 5 倍多。但我国现代畜牧业发展时间短、科技储备和投入不足，与发达国家相比，面临养殖设施和工艺水平落后、生产效率低、疫病发生率高、兽药疫苗用量较多等影响提质增效的重大问题。

养殖环境是畜禽生命活动最直接的要素，是畜禽健康高效生产的前置条件，也是我国畜牧业高质量发展的短板。2020 年 9 月国务院印发的《关于促进畜牧业高质量发展的意见》中要求，加快构建现代养殖体系，制定主要畜禽品种规模化养殖设施装备配套技术规范，推进养殖工艺与设施装备的集成配套。

养殖环境是指存在于畜禽周围的可以直接或间接影响畜禽的自然与社会因素的集合，包括温热、有害气体、光、噪声、微生物等物理、化学、生物、群体社会诸多因子，以及复杂的动态变化和各因子间互作。同时，养殖业高质量发展对环境的要求也越来越高。因此，畜禽健康高效养殖环境诸因子的优化耦合控制不仅是重大的生产实践难题，也是深邃的科学研究难题，需要实践—理论—实践的螺旋式发展，不断积累丰富、不断提升完善。

“十三五”国家重点研发计划“畜禽重大疫病防控与高效安全养殖综合技术研发”专项将“养殖环境对畜禽健康的影响机制研究”列入基础前沿类项目（项目编号：2016YFD0500500），并于2016年首批启动。旨在研究揭示畜禽舍温热、有害气体、光照、群体密度、空气颗粒物气溶胶5类主要环境因子，以及影响畜禽生长、发育、繁殖、泌乳、健康的生物学机制，提出11种主要畜禽高密度养殖环境参数及其多元化控制模型，为我国不同气候生态区安全、高效养殖畜禽舍建设、环境控制提供依据，支撑“全封闭、自动化、智能化、信息化”现代养殖方式发展的重大需求。项目组联合全国36个单位、94名专家协同攻关，历时5年，取得了一批重要理论和专利成果，发表了一批高水平论文，出版了《畜禽环境生物学》专著，制定了一批标准，研发了一批新技术产品，对畜牧业科技回归“以养为本”的创新方向起到了重要的引领作用。

“畜禽健康高效养殖环境手册”丛书是在“养殖环境对畜禽健康的影响机制研究”项目各课题系统总结本项目基础理论研究成果，梳理国内外科学研究积累、生产实践经验的基础上形成的，是本项目研究的重要成果。丛书的出版，既体现了重点研发专项一体化设计、总体思路实施，也反映了基础前沿研究聚焦解决产业重大问题、支撑产业创新发展宗旨。丛书共 10 个分册，内容涉及猪、奶牛、肉牛、水牛、肉羊（绵羊、山羊）、蛋鸡、肉鸡、肉鸭、蛋鸭、鹅共 11 种畜禽。各分册针对某一畜禽论述了现代化养殖模式、主要环境因子及其特点，提出了各环境因子的控制要求和标准，力求“创新性、先进性”，希望为现代畜牧业的高质量发展提供参考。同时，图文并茂、视频配套的写作方式及先进的典型生产案例介绍，增加了丛书的可读性和实用性。但不同畜禽高密度养殖的生产模式、技术方向迥异，特别是肉牛、肉羊、奶牛、鹅等畜种不适宜全封闭养殖。因此，不同分册的体例、内容设置需要考虑不同畜禽的生产养殖实际，无法做到整齐划一。

丛书出版是全体编著人员通力协作的成果，并得到了华沃德源环境技术（济南）有限公司和北京库蓝科技有限公司的友情资助，在此一并表示感谢！

尽管丛书凝聚了各编著者的心血，但编写水平有限，书中难免有错漏之处，敬请广大读者批评指正。

我们期望丛书的出版能为我国畜禽健康高效养殖发展有所裨益。

丛书编委会

2021年春

前言

我国是世界肉鸭生产和消费大国，肉鸭存栏量和出栏量位居世界首位。同时，我国鸭肉饮食文化历史悠久，与鸭肉相关的食品种类繁多。目前，鸭肉是继猪肉和鸡肉之后我国第三大畜禽消费肉类。随着肉鸭产业的发展和肉鸭养殖规模的扩大，传统肉鸭水面放养模式存在的养殖规模小、环境污染严重、生物安全风险大、养殖效率低下等问题日益突出，已经不能适应当前肉鸭产业集约化绿色发展的要求。舍内离水旱养的肉鸭养殖模式逐渐兴起，并可能成为我国肉鸭养殖的主要饲养方式。

饲养环境是影响肉鸭健康和养殖效果的重要因素之一，然而，生产中对肉鸭饲养环境的重视程度往往不及肉鸭品种和饲料。跟猪、鸡等畜禽一样，肉鸭养殖环境也涉及饲养密度、温度、湿度、光照、通风、有毒有害气体等影响因素，且不同的饲养方式下肉鸭的养殖环境各不相同。然而，肉鸭饲养环境的研究起步晚，养殖环境控制既缺乏系统的技术参数和理论依据，也缺乏可供参考的相关资料，因此生产实践中主要参考肉鸡的数据。但肉鸭与肉鸡在生长速度和生理生化机能方面存在明显差异，直接使用肉鸡的数据具有不合理性，使肉鸭优良的种质特性和离水旱养饲养模式的优势难以得到充分发挥。

在国家重点研发专项“养殖环境对畜禽健康的影响机制研究”的资助下，“肉禽舒适环境的适宜参数及限值研究”课题组中的相关优势单位和专家，对肉鸭养殖环境的适宜参数及限值展开了系统而全面的研究，在总结已有数据、查阅国内外相关文献资料的基础上编写了《肉鸭健康高效养殖环境手册》。

在本书编写过程，中国农业科学院北京畜牧兽医研究所谢明副研究员和侯水生研究员负责第一、三、五、六章的内容，中国农业大学袁建敏教授负责第二章的内容，华南农业大学王文策副教授负责第四章的内容。

由于编者水平有限，书中难免有疏漏和错误，恳请广大读者批评指正。

编者

2021 年 3 月

目录

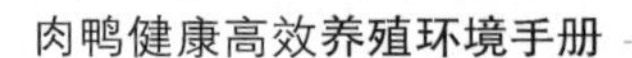

第四章　肉鸭饲养光照　/47

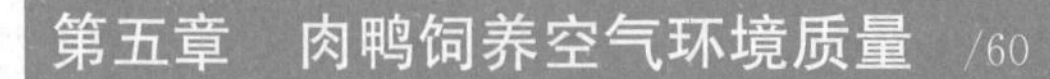

第五章　肉鸭饲养空气环境质量　/60

第一章
肉鸭饲养方式与环境

我国是肉鸭生产和消费大国，年出栏肉鸭40亿只以上，居世界首位，年产鸭肉超过1 000万t，年产值达到1 400亿元，鸭肉是继猪肉和鸡肉之后第三大畜禽肉类消费产品。目前，肉鸭类食品已经成为我国居民禽肉消费中不可或缺的重要组成部分。饲养环境是影响肉鸭健康和养殖效果的重要因素，主要包括饲养密度、温度、湿度、光照强度、光照时间、有毒有害气体浓度等。肉鸭饲养环境与肉鸭饲养方式密切相关。目前，我国肉鸭饲养方式正在由分散的传统水面放养向集约化离水旱养方式转型。离水旱养模式已经成为我国肉鸭养殖的主要饲养方式，肉鸭常见离水旱养饲养方式主要有地面垫料平养、网上平养、生物发酵床网上平养、立体笼养等，不同饲养方式下肉鸭的饲养环境各有不同。同时，季节也是影响肉鸭养殖环境的重要因素。尽管冬季养殖肉鸭的效果优于夏季，但是冬季鸭舍饲养环境质量低于夏季。

第一节　概　　述

一、肉鸭产业现状

依据中国畜牧业协会与世界粮农组织提供的数据及对我国水禽

产业市场供求关系推算，2020 年世界肉鸭出栏量约 66.2 亿只，当年全世界肉鸭按出栏量排名占前 5 位的国家依次是中国、缅甸、越南、法国和孟加拉国。国家水禽产业技术体系对全国 22 个水禽主产省（自治区、直辖市）水禽生产情况的调查显示，2020 年商品肉鸭出栏 46.83 亿只，总产值达 1 132.86 亿元（侯水生等，2021）。我国肉鸭巨大的饲养规模和出栏量与我国居民烹饪肉鸭类食品的传统习俗，以及广阔的肉鸭消费市场密切相关。每年广东和广西两地出栏肉鸭 3 亿～4 亿只，这些肉鸭几乎全部用于制作“烧鸭”。四川、浙江、江西三省的居民年食用约 7 亿只肉鸭所制食品。同时，全国不少地方已经形成了一批具有市场影响力的肉鸭食品品牌。北京全聚德“烤鸭”驰名中外，年消费超过 500 万只肉鸭。南京的“盐水鸭”类食品年产量已经达到 6 000 万只。此外，各种精细化加工水禽熟食类休闲食品也越来越受到消费者的青睐。如湖北省的“精武鸭脖”仅在武汉及周边县市年消费肉鸭达到 1.6 万 t，带动 8 000 万只肉鸭消费。另外，据国家水禽产业技术体系统计，2020 年我国鸭肉产量达到 1 085 万 t，超过我国当年《国民经济和社会发展统计公报》所统计的牛肉产量（672 万 t）和羊肉产量（492 万 t）。由此可见，肉鸭类食品已经成为我国居民肉类消费中不可或缺的重要组成部分。

二、肉鸭饲养方式现状和发展趋势

我国肉鸭养殖历史悠久，早在公元前 500 年就有记载。我国拥有丰富的水资源，传统上适合利用公共水域进行肉鸭养殖，因此形成了传统舍饲＋户外水面放养的饲养方式。但当时肉鸭产业发展缓慢，饲养规模小，这种饲养方式在当时社会经济条件下不存在明显的生态安全问题。随着肉鸭饲养规模的日益扩大，传统水面放养的饲养方式极易造成公共水域严重污染，并随之而来的是肉鸭生活环境恶化和疫病暴发。

为减少水资源污染和提升肉鸭养殖效果，国内相关地方法律法规限制肉鸭养殖对水资源和周边环境的污染，传统舍饲＋户外水面放养的饲养方式开始逐渐向完全离水的全舍内地面垫料平养方式过渡。然而，在地面垫料平养饲养方式中，由于鸭体直接接触到粪污中的病原微生物，因此感染疾病的概率增加，网上平养方式应运而生。

网上平养实现了鸭体与粪污的分离，极大地减少了肉鸭与病原微生物接触的机会。然而，由于含水量高和流动性大，鸭粪在网床下易残留，实时清运难度大，容易产生大量氨气、硫化氢等有毒有害气体和恶臭味，进而严重污染鸭舍空气环境。为此，借鉴发酵床养猪的实践，肉鸭养殖者们研发出了生物发酵床厚垫料地面平养饲养方式。该方式通过生物发酵床原位发酵处理粪污，有效减少了病原微生物的繁殖和有毒有害气体的产生。但该饲养方式并不能完全避免鸭体与粪污接触，且在夏季发酵床产热进一步加剧了肉鸭的热应激反应，严重影响了养殖效果。在这种情况下，将生物发酵床厚垫料地面平养与网上平养相结合的生物发酵床网上平养饲养方式由此产生。该方式兼顾了两种饲养方式的不足，目前正处在优化改进阶段，并进行小规模的示范推广。另外，由于当前养殖用地的大幅度削减，国内大型肉鸭养殖企业通过借鉴白羽肉鸡笼养实践开始尝试肉鸭多层立体笼养和多层立体平养两种立体饲养方式。该饲养方式提高了养殖用地空间，集成了大量自动化饲养管理设施，并通过提高养殖效率和降低劳动力成本增加了养殖的经济效益。

目前，地面垫料平养、网上平养、生物发酵床厚垫料地面平养、生物发酵床网上平养、多层立体笼养和多层立体平养已经成为我国常用的肉鸭离水旱养饲养方式。其中，集肉鸭养殖和粪污处理于一体的生物发酵床厚垫料地面平养和生物发酵床网上平养是最具潜力的肉鸭绿色饲养方式，但仅适合小规模的肉鸭养殖。网上平养和立体笼养已经发展成为肉鸭大规模集约化养殖的主要饲养方式，其中立体笼养是我国肉鸭养殖的最新饲养方式，代表着肉鸭离水旱养饲养方式发展的方向。鉴于我国国情和肉鸭产业发展不平衡的现状，我国仍然处在各种肉鸭离水旱养饲养方式并存的阶段。表 1-1 总结了我国不同肉鸭饲养方式的特点和弊端。表 1-2 比较了不同离水旱养饲养方式下樱桃谷鸭养殖的经济效益。各种饲养方式各有利弊，在肉鸭养殖实践中应根据实际情况选择适宜的饲养方式。

表 1-1　我国不同肉鸭饲养方式特点和弊端

饲养方式	特点	弊端
传统水面放养	依据肉鸭的生物学特性，从事水面依赖型散养	饲料转化效率低，肉鸭增重速度慢、出栏时间迟；高密度养殖占用公共水域和土地，难以控制疫病，病原随水流传播，严重危害人畜生活环境
地面垫料平养	人为控制肉鸭逐步适应离水上岸，在保证生产性能的前提下，削弱肉鸭对水源的依赖	鸭群直接接触粪便中的病原，染病的概率高
网上平养	在平养的基础上实现粪、鸭分离，降低鸭群感染疫病的概率	鸭粪呈糨糊状，清运困难，易在地面残留，并产生大量臭气，危害环境
发酵床地面厚垫料平养	鸭粪经原位发酵处理，好氧微生物分解粪便，解决了粪便处理的土地和设备问题	使用垫料成本高；需要经常翻耙，人工成本也高；不能完全避免鸭与粪便直接接触；夏季发酵产热后会导致热应激
发酵床网上平养	粪、鸭分离的同时实现了粪便的原位发酵，节约了土地资源。机械自动翻耙，降低了人工成本，改善了环境空气质量	鸭舍建设成本较高，平面养殖不能充分利用鸭舍立体空间
多层立体笼养	充分利用鸭舍立体空间，可增加饲养密度的 2～3 倍；自动化养殖，可提高生产效率	一次性投资成本高，资金回收周期长；对管理人员要求高；存在福利问题；短期集聚的大量粪便较难资源化利用

资料来源：李明阳等（2020）。

表 1-2　不同离水旱养饲养方式下樱桃谷鸭养殖经济效益比较

饲养方式	平均饲养密度（只/m^2）	饲养成本（元/只）	鸭舍建造成本（元/m^2）	年饲养批次	每只利润（元）	单位面积的年利润（元）
地面垫料平养	4.1（舍内）+1.6（舍外运动场）	26.99	60.0	4～5	2.01	12.86～41.21
网上平养	4.5	26.14	194.0	5～6	2.86	64.35～77.22
发酵床地面厚垫料平养	3.5	24.90	202.7	6～7	4.10	86.10～100.45
发酵床网上平养	4.0	24.32	265.4	6～7	4.68	112.32～131.04
多层立体笼养	15.0	26.50	472.2	7～8	2.50	262.50～300.00
多层立体网上平养	15.0	26.33	575.0	7～8	2.67	280.35～320.40

资料来源：李明阳等（2020）。

三、肉鸭饲养环境因子

目前，我国肉鸭养殖正处在各种肉鸭离水旱养饲养方式并存的阶段，专用的饲养设施设备严重缺乏，已有的设备设施设计参数有待优化，各种饲养方式及配套的环境控制技术还不成熟。饲养方式决定肉鸭饲养环境，不同的饲养方式会产生不同的舍内饲养环境，饲养环境是继品种和饲料之后影响肉鸭生长及健康的最重要因素。在恶劣气候条件下，饲养环境的影响甚至会极大削弱优良品种和优质饲料对肉鸭的养殖效果。因此，饲养方式和饲养环境控制技术在肉鸭养殖过程中不容忽视。

环境因子是指作用于肉鸭的一切外界因素，包括物理、化学、生物学、群体共四个因素。其中，物理因素包括空气温度、空气湿度、气流速度、气压、光照、噪声、地形、地势、鸭舍等；化学因素包括空气中的各种气体成分、鸭舍内有毒有害气体，以及垫料和土壤中的化学成分；生物因素包括饲料、细菌、病毒、植物及其他病原体生物等；群体因素有饲养密度、肉鸭之间的群体关系、饲养管理与肉鸭之间的关系等。当前肉鸭离水旱养饲养方式均为全舍内饲养模式，鸭舍通常为半开放式或全密闭式棚舍，舍内环境已经成为影响肉鸭养殖效果的最直接环境因素。

肉鸭养殖生产中涉及的环境因子特指鸭舍内小环境中的各种环境因子，包括饲养密度、环境温度、环境湿度、气流速度、光照、噪声、空气中有毒有害气体、微粒和微生物等。肉鸭饲养环境受多种环境因子的共同作用。

第二节　地面垫料平养与环境

一、地面垫料平养

（一）传统地面垫料平养

传统地面垫料平养是在鸭舍地面上铺设厚度为5～10cm的垫料并在垫料上直接进行养殖的一种肉鸭离水旱养饲养方式（图1-1）。国外主要采用锯木屑和稻草作为地面平养垫料，国内主要采用稻壳和稻草作为地面平养垫料。在肉鸭养殖过程中，需要根据垫料的潮湿度和被粪便污染的程度加铺或更换新垫料，使表层垫料保持清洁和松软，最后在肉鸭出栏后将全部垫料一次性清除。该饲养方式下，肉鸭鸭体直接与粪污和垫料接触，会导致鸭的发病率和死亡率增加、鸭舍环境质量受垫料的影响大、垫料使用导致养殖废弃物增加等问题，因此肉鸭的饲养密度不宜过高。然而，由于传统地面垫料平养具有肉鸭福利水平高、饲养环节对肉鸭的损伤小、肉鸭运动空间大等优点，因此目前主要用于种鸭、小型地方品种肉鸭及对胴体外观有较高要求的快大型白羽肉鸭的养殖。

图 1-1　肉鸭地面垫料平养

（二）生物发酵床厚垫料平养

为了解决传统地面垫料平养时垫料使用量大、粪污及垫料资源利用率低等问题，生物发酵床厚垫料平养已经成为新型的地面垫料平养方式，并在肉鸭养殖中逐渐得到推广应用（图 1-2）。该饲养方式与传统地面垫料平养的主要差别在于由垫料与微生物有机结合形成生物发酵床。在生物发酵床厚垫料平养中，垫料厚度约为 40cm，高于传统地面垫料。同时，该饲养方式使用的垫料主要以锯木屑、稻壳等为主，且在垫料中由于接种专用复合微生物菌剂，因此形成了生物发酵床，通过微生物的发酵处理来实现肉鸭排泄粪污的原位发酵降解。与传统地面垫料平养一次性清理垫料不同，生物发酵床厚垫料平养需要依据垫料的潮湿程度和被污染程度，定期对垫料进行翻耙（图 1-3），保证垫料、微生物和粪污的充分混合，避免垫料板结所造成的死床现象。在微生物的降解作用下，肉鸭养殖中产生的粪污可得到有效的原位发酵降解，减少了恶臭气体的产生；且在良好的日常维护下垫料无需经常更换，可多次使用，基本实现了肉鸭养殖废弃物的零排放。目前，生物发酵床厚垫料平养方式正在逐渐取代传统地面垫料平养饲养方式。

图 1-2　肉鸭生物发酵床厚垫料平养

图 1-3　生物发酵床翻耙维护

二、地面垫料平养鸭舍饲养环境

受养殖规模和福利的影响，地面垫料平养是国外肉鸭的主要饲养方式之一，且对地面垫料平养鸭舍饲养环境有一定的研究报道，但在国内肉鸭养殖中的应用越来越少。Karchaer 等（2013）和

Fraley 等（2013）对北美洲最大的肉鸭养殖公司——枫叶农场公司（Maple Leaf Farms）的 9 个商品代枫叶北京鸭养殖场的地面垫料平养鸭舍，在冬季 1 月至翌年 3 月，以及夏季 7—8 月的饲养环境质量和肉鸭福利状况进行了监测。该公司养殖的肉鸭品种为美国枫叶农场公司培育的枫叶北京鸭，地面平养以锯木屑为垫料。肉鸭全期饲养密度为 0.16m²/只，每栋鸭舍的鸭饲养量为 6 350～9 550 只，肉鸭出栏时间为 32～36 日龄，出栏时体重达到 3.5kg 以上。鸭舍内前、中、后各段位置的温度较为恒定，冬季舍内温度明显低于夏季。在冬季，7 日龄舍内温度保持在 20℃以上，21 日龄和 32 日龄舍内温度维持在 13～14℃（表 1-3）；而在夏季，7 日龄和 21 日龄舍内温度维持在 26℃左右，32 日龄舍内温度保持在 25℃左右。同时，夏季舍内相对湿度略高于冬季，且基本保持在 70%以上（表 1-4）。此外，冬季舍内一氧化碳和氨气浓度均明显高于夏季。季节对地面垫料平养肉鸭福利的影响不同。夏季地面垫料平养时育肥肉鸭的死亡率可达 6.62%，而冬季的死亡率为 2.74%。在地面垫料平养中，夏季肉鸭的眼睛健康、鼻孔清洁度和羽毛清洁度相比冬季都有所下降，且在夏季肉鸭脚垫炎的发生率比冬季更为严重。

表 1-3 冬季美国地面垫料平养鸭舍环境质量

日龄（d）	一氧化碳（μL/L）	氨气（μL/L）	温度（℃）			湿度（%）
			鸭舍前段	鸭舍中段	鸭舍后段	
7	5.9±2.1	5.8±1.6	21.9±1.4	22.9±1.3	23.4±2.8	63.7±3.7
21	1.6±1.8	6.5±1.4	14.2±1.3	14.4±1.5	15.6±1.7	71.8±3.1
32	1.3±2.4	5.5±1.8	12.7±1.6	13.0±1.5	14.2±1.5	76.9±3.4

资料来源：Fraley 等（2013）；Karchaer 等（2013）。表 1-4 至表 1-6 的资料来源与此表相同。

表 1-4 夏季美国地面垫料平养鸭舍环境质量

日龄（d）	一氧化碳（μL/L）	氨气（μL/L）	温度（℃）			湿度（%）
			鸭舍前段	鸭舍中段	鸭舍后段	
7	0.0±0.2	0.76±0.3	25.6±0.9	26.1±0.9	25.5±0.9	72.4±2.2

（续）

日龄 (d)	一氧化碳 (μL/L)	氨气 (μL/L)	温度（℃）			湿度（%）
			鸭舍前段	鸭舍中段	鸭舍后段	
21	0.2±0.2	0.48±0.4	26.7±0.9	26.9±0.9	27.4±0.9	78.7±2.2
32	0.01±0.2	1.7±0.3	25.7±0.9	25.9±0.9	25.9±0.9	75.0±2.2

第三节　网上平养与环境

一、网上平养

网上平养是肉鸭集约化养殖中主要离水旱养饲养方式，目前已经在国内外得到了广泛应用（图1-4）。网上平养主要用高于地面的漏缝塑料板条或塑料网作为肉鸭直接接触的网床，通过支架使带孔网床与地面分离，且床体与地面保持一定高度。肉鸭在网床上饲养，排泄物可通过网孔漏至网下地面，减少了鸭体与粪污接触的机会。在该饲养方式中，网床离地面0.6～1.0m高，网床网孔尺寸为1.5～2.5cm。网床在鸭舍内采用单列式或者双列式排列。网床下可设置机械刮粪板，末端设置配套粪污收集池或粪污收集管网。

图1-4　肉鸭网上平养

目前，生物发酵床网上平养是集成了生物发酵床养殖和网上平养的一种新型肉鸭网上平养饲养方式。该饲养方式是在网床下，铺设由混合微生物制剂的厚垫料构成的生物发酵床，并定期进行翻耙维护（图1-5）。肉鸭粪尿排泄物可直接排放至发酵床被微生物原位发酵利用，实现养殖废弃物的无害化处理，并可改善鸭舍内的空气质量。在该饲养方式中，网床距离地面高度不低于90cm，网床下铺设发酵床垫料（图1-6），采用地上式发酵床，床体硬质化，防止

图1-5　肉鸭生物发酵床网上平养与网下翻耙机

图1-6　肉鸭生物发酵床网上平养与网下垫料

渗透；垫料上方安装自动翻耙机，可前后移动自动翻耙发酵床垫料。目前，肉鸭生物发酵床网上平养饲养方式正在全国小范围内推广应用。

二、网上平养鸭舍饲养环境

网上平养是国外肉鸭养殖的另一种主要饲养方式，也是国内肉鸭集约化养殖的主要饲养方式。Fraley 等（2013）和 Karchaer 等（2013）对枫叶农场公司商品代肉鸭养殖场的漏缝塑料板条网上平养鸭舍在冬季 1 月至翌年 3 月和 7—8 月的养殖环境质量及肉鸭福利状况进行了监测。冬季监测了 11 个网上平养鸭舍，夏季监测了 9 个网上平养鸭舍。养殖肉鸭品种为枫叶农场公司培育的枫叶鸭，网上平养以塑料漏缝板条作为网床。肉鸭全期饲养密度为 0.16m²/只，每栋鸭舍饲养量为 10 000～10 300 只，肉鸭出栏时间为 32～36 日龄，出栏时体重达到 3.5kg 以上。鸭舍内前、中、后各段位置的温度较为恒定，冬季舍内温度明显低于夏季。在冬季，7 日龄舍内温度保持在 20℃以上，21 日龄和 32 日龄舍内温度维持在 16℃左右（表 1-5）；而在夏季，7 日龄、21 日龄、32 日龄舍内温度保持在 26℃左右。同时，夏季舍内相对湿度略高于冬季，且基本保持在 70%以上（表 1-6）。在饲养密度相同和饲养管理模式基本一致的条件下，美国网上平养鸭舍冬季舍内温度略高于地面平养鸭舍，但两种饲养方式下夏季舍内温度基本一致。此外，与地面平养鸭舍一致，冬季网上平养鸭舍内一氧化碳和氨气浓度均明显高于夏季。同时，网上平养鸭舍一氧化碳和氨气浓度明显高于地面平养鸭舍。这可能与网上平养的规模大于地面的规模有关。

另外，与地面平养相似，不同季节网上平养肉鸭的福利不同。夏季网上平养时育肥肉鸭的死亡率可达 5.44%，而冬季的死亡率为 3.83%。夏季网上平养时肉鸭的死亡率低于地面平养，但冬季网上平养时肉鸭的死亡率高于地面平养。在网上平养中，夏季饲养的肉鸭，其眼睛健康程度和羽毛清洁度均比冬季有所下降，且肉鸭夏季脚垫炎的发生率比冬季更为严重。然而，网上平养肉鸭的羽毛清洁度要优于地面平养的肉鸭，但其眼部健康程度不如地面平养的肉鸭。在冬季，网上平养肉鸭脚垫炎的严重程度低于地面平养的肉鸭，地面平养的肉鸭其鼻孔清洁度优于网上平养的肉鸭。在夏季，地面平养肉鸭脚垫炎的严重程度低于网上平养的肉鸭，网上平养肉鸭鼻孔清洁度优于地面平养的肉鸭（Fraley 等，2013；Karchaer 等，2013）。

表 1-5　冬季网上塑料板条网上平养鸭舍环境质量（美国）

日龄（d）	一氧化碳（mL/L）	氨气（mL/L）	温度（℃）			湿度（%）
			鸭舍前段	鸭舍中段	鸭舍后段	
7	7.1±2.3	6.6±1.5	20.1±1.5	20.1±1.6	22.2±1.9	68.1±4.0
21	2.8±2.6	9.0±1.8	16.7±1.5	16.6±1.4	16.2±1.5	72.0±3.6
32	1.6±2.6	9.9±1.9	17.1±1.6	17.0±2.0	15.4±2.3	62.4±3.8

表 1-6　夏季网上塑料板条网上平养鸭舍环境质量（美国）

日龄（d）	一氧化碳（mL/L）	氨气（mL/L）	温度（℃）			湿度（%）
			鸭舍前段	鸭舍中段	鸭舍后段	
7	0.06±0.2	1.60±0.4	27.0±1.2	27.1±1.1	27.1±1.3	78.6±2.7
21	0.06±0.2	0.36±0.4	26.9±1.2	26.8±1.1	27.0±1.1	72.0±2.7
32	0.06±0.2	0.36±0.3	25.6±1.1	25.8±1.0	26.2±1.1	70.1±2.5

三、生物发酵床网上平养鸭舍饲养环境

庞海涛（2015）比较了生物发酵床网上平养和无生物发酵床传统网上平养两种饲养方式下，樱桃谷鸭的饲养环境质量和养殖效

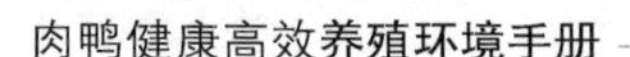

果。与传统网上平养相比，生物发酵床网上平养鸭舍空气中的氨气浓度、气载需氧细菌和气载需氧真菌数量均明显下降（表1-7）。同时，生物发酵床网上平养肉鸭的存活率和体重明显提高。体液免疫和细胞免疫机能得到进一步改善，肠道细胞免疫机能也得到明显增强（表1-8）。

表 1-7　生物发酵床网上平养和传统网上平养肉鸭舍内环境质量比较

日龄（d）	氨气（mg/m³）		气载需氧细菌（$\times 10^5$CFU/m³）		气载需氧真菌（$\times 10^4$CFU/m³）	
	生物发酵床网上平养	传统网上平养	生物发酵床网上平养	传统网上平养	生物发酵床网上平养	传统网上平养
14	1.72	1.76	0.32	0.42	7.6	10.5
21	2.33	3.38	0.43	1.14	8.5	23
28	2.75	5.36	0.52	3.31	9.0	30
35	3.51	10.98	0.74	4.7	12.2	40
42	3.48	21.95	0.87	5.3	20.4	51

资料来源：庞海涛（2015）。表1-8的资料来源与此表相同。

表 1-8　生物发酵床网上平养和传统网上平养肉鸭养殖效果和免疫机能比较

饲养方式	生物发酵床网上平养	传统网上平养
42日龄成活率（%）	98.0	92.0
42日龄体重（kg）	2.77	2.60
血液巨噬细胞的吞噬率（%）	41.9	38.2
血液T淋巴细胞的转化率（%）	32.8	26.9
血清H5禽流感抗体效价（log2）	5.3	4.8
肠道上皮内淋巴细胞数量（个，以100个上皮细胞计）	34	25
肠道杯状细胞数量（个，以100个上皮细胞计）	31	26

第四节　立体笼养与环境

一、立体笼养

立体笼养是笼养与自动化控制有机结合的新型肉鸭智能化离水旱养饲养方式，是肉鸭集约化养殖发展的方向，具有土地利用率高、饲养密度大、环境控制自动化水平高、粪污实时集中收集等优点（图 1-7）。多层立体笼养采用 H 型笼具，一般为 3～4 层叠层式网床，每层网床只有底网和外围护网，上无顶层网。每层笼位下方设置与笼位宽度相匹配的凹型粪污收集自动传输带，传输带末端设置配套粪污收集池或收集管网。多层立体笼养鸭舍为全密闭式，环境控制自动化程度高，可自动清粪、喂料、饮水、控光、控温和通风换气。在不同季节分别采用侧窗自然通风和湿帘结合的机械负压通风两种方式进行通风换气。在两端的山墙上安装湿帘和大功率风机实现隧道式纵向机械通风，横向机械通风通过在两侧的墙壁上设

图 1-7　三层肉鸭立体笼养

置自然通风小窗来实现。这两种通风模式结合起来，可以保证鸭舍通风换气均匀，将鸭舍空气环境维持在一个较为良好的水平。寒冷季节及保温育雏时则利用全自动调控的水暖锅炉作为供暖设备，产生的温水经管道输送至舍内墙壁上的散热片，借助散热片上风机鼓风的作用将热量输送至鸭舍。立体笼养鸭舍单位空间内肉鸭的饲养密度远高于地面平养和网上平养，极大地提高了养殖用地的利用率。目前，该饲养方式已经在大型肉鸭养殖企业得到推广应用。

二、立体笼养鸭舍饲养环境

李明阳（2019）和管清苗等（2020）对山东地区大型肉鸭养殖企业夏季和冬季三层立体笼养的温度、湿度、风速，以及粉尘、细菌、氨气、二氧化碳浓度等空气环境质量进行了监测，分析不同季节鸭舍内环境质量参数的分布特点及对肉鸭生产性能的影响。该三层立体笼养鸭舍夏季每批饲养肉鸭 2 万只以上，冬季每批饲养肉鸭 1.5 万只以上。饲养的肉鸭品种为樱桃谷鸭，饲养密度为12 只/m^2 及以上，出栏时体重为 3.0kg 左右。肉鸭出栏时间夏季为 39 日龄左右，冬季为 36 日龄左右。

（一）立体笼养鸭舍温热环境及有毒有害气体

管清苗等（2020）分别在东西走向三层立体笼养鸭舍距离西山墙 9.3m、27.3m、45.3m 及 63.3m（即自西向东第 3 笼、12 笼、21 笼、30 笼）处上、中、下层分别设置监测点，测定 1 周龄、2 周龄、3 周龄、4 周龄、5 周龄时鸭舍内的温度、相对湿度、风速，以及氨气和二氧化碳浓度。在肉鸭立体笼养中采用二阶段饲养制度。出壳 1 日龄肉鸭集中在立体笼养鸭舍中层鸭笼内育雏至 9 日龄，随后向上层笼和下层笼分群育肥至出栏。夏季立体笼养鸭舍

1 周龄温度保持在 33℃，随后由 2 周龄的 29℃缓慢降至 5 周龄的 27℃。舍内相对湿度1～5 周龄一直为 75％～86％。1 周龄舍内风速为 0.51m/s，2～5 周龄风速维持在 0.8m/s 左右。氨气浓度 1 周龄时为 2.78mg/m^3，2～5 周龄时为 0.9～1.5mg/m^3。二氧化碳浓度 1 周龄时为 1 832mg/m^3，2～5 周龄时为 1 235～1 669mg/m^3（表 1-9）。冬季立体笼养鸭舍 1 周龄温度保持在 30℃，随后从 2 周龄的 24.4℃降至 5 周龄的 19.5℃。舍内相对湿度 1 周龄时为 56％，2 周龄时为 67％，而 3～5 周龄时为 77％～81％。舍内风速 1 周龄时为 0.06m/s，2～3 周龄时为 0.08m/s 左右，4～5 周龄时为 0.12～0.15m/s。氨气浓度 1 周龄时为 8.28mg/m^3，2～5 周龄时为 4.39～6.21mg/m^3。二氧化碳浓度 1 周龄鸭舍内为 5 133mg/m^3，2～5 周龄的鸭舍内为 4 403～5 466mg/m^3（表 1-10）。夏季鸭舍内温度和相对湿度高于冬季，这与冬、夏季舍外气候差异有关。而冬季舍内二氧化碳和氨气浓度高于夏季，这与冬季鸭舍内为保温隔热降低了通风换气速度而采取比夏季更低的风速有关。另外，纵向水平方向和笼具垂直方向对鸭舍内空气环境状况也产生了显著影响。在舍内距离西山墙 9.3m、27.3m、45.3m 及 63.3m 由西向东纵向水平方向上，夏、冬季 1～3 周龄时距西山山墙 9.3m 处温度最高，4～5 周龄时距西山墙 63.3m 处温度最高。夏季 1～3 周龄时距西山墙 63.3m 处相对湿度最高，4～5 周龄时距西山墙 9.3m 处相对湿度最高；冬季 1～5 周龄时距西山墙 63.3m 处相对湿度最高。夏季距西山墙 45.3m 处风速最高，而冬季距西墙 45.3m 处风速最低，存在通风弱区。夏季氨气及二氧化碳浓度由西侧净道端至东侧污道端呈上升趋势，而冬季距西山墙 45.3m 处氨气及二氧化碳浓度最高。在笼具垂直方向上，夏季中层温湿度均值高于上、下层，而冬季中层温度最高，下层相对湿度最高；夏、冬季中层风速均为最低；夏季下层氨气及二氧化碳浓度最高，而冬季中层氨气及二氧化碳浓度最高（管清苗等，2020）（表 1-11 和表 1-12）。

表 1-9　夏季立体笼养鸭舍纵向水平方向空气环境质量状况

环境参数	纵向距离（m）	1周龄	2周龄	3周龄	4周龄	5周龄
温度（℃）	9.3	33.4±2.2	29.1±2.2	28.2±1.6	26.9±2.1	27.1±1.9
	27.3	33.2±2.4	28.9±2.3	27.9±1.6	26.9±2.0	27.1±1.9
	45.3	32.5±2.1	28.8±2.1	28.0±1.7	26.8±2.2	27.0±2.0
	63.3	32.8±2.1	29.0±2.0	28.2±1.7	27.1±2.1	27.3±1.9
	平均值	33.0±2.2	29.0±2.2	28.1±1.7	26.9±2.1	27.1±1.9
相对湿度（%）	9.3	77.8±8.5	82.2±6.6	86.5±3.6	80.0±7.8	76.1±8.5
	27.3	77.4±8.4	81.5±6.9	86.3±3.8	79.4±8.4	74.9±8.5
	45.3	79.2±8.6	81.9±77.0	86.0±4.7	77.2±10.2	73.9±9.0
	63.3	79.2±8.6	82.3±6.9	86.5±4.0	78.6±9.7	74.8±8.9
	平均值	78.4±8.5	82.0±6.8	86.3±4.0	78.9±9.1	75.0±8.8
风速（m/s）	9.3	0.23±0.15	0.33±0.28	0.30±0.27	0.35±0.58	0.51±0.26
	27.3	0.48±0.30	0.80±0.40	0.70±0.31	0.74±0.24	0.91±0.23
	45.3	0.66±0.46	1.08±0.53	1.05±0.45	1.12±0.35	1.22±0.41
	63.3	0.66±0.41	1.00±0.45	0.98±0.38	1.01±0.30	1.10±0.34
	平均值	0.51±0.39	0.80±0.51	0.76±0.47	0.80±0.49	0.93±0.42
氨气浓度（mg/m^3）	9.3	2.52±2.75	0.72±0.42	1.01±0.63	1.20±0.55	0.74±0.52
	27.3	2.59±2.77	0.81±0.53	1.07±0.75	1.47±0.79	0.85±0.65
	45.3	2.69±2.68	0.94±0.62	1.02±0.73	1.53±0.81	1.02±0.60
	63.3	3.32±2.44	1.33±0.70	1.77±1.48	1.66±0.78	1.09±0.62
	平均值	2.78±2.68	0.95±0.62	1.22±1.01	1.46±0.76	0.89±0.61
二氧化碳浓度（mg/m^3）	9.3	1 827±1 255	1 150±236	1 286±361	1 479±428	1 283±362
	27.3	1 818±1 232	1 187±260	1 248±280	1 700±532	1 450±458
	45.3	1 828±1 252	1 275±302	1 194±292	1 746±530	1 464±412
	63.3	1 855±1 159	1 326±281	1 312±333	1 751±570	1 622±476
	平均值	1 832±1 225	1 235±280	1 260±321	1 669±529	1 455±446

资料来源：管清苗等（2020）。表 1-10 至表 1-12、表 1-19 和表 1-20 的资料来源与此表相同。

表 1-10　冬季立体笼养鸭舍纵向水平方向空气环境质量状况

环境参数	纵向距离（m）	1周龄	2周龄	3周龄	4周龄	5周龄
温度（℃）	9.3	30.5±2.5	25.5±1.5	24.2±1.7	21.4±1.6	19.1±1.7
	27.3	30.1±3.3	25.4±1.8	24.4±1.3	22.0±1.4	19.6±2.7
	45.3	29.5±2.7	23.8±1.7	23.1±1.3	22.4±1.7	19.6±2.1
	63.3	29.2±3.2	23.1±1.9	22.1±1.6	22.9±1.7	19.8±1.9
	平均值	29.8±3.0	24.4±2.0	23.4±1.8	22.0±1.6	19.5±2.1
相对湿度（%）	9.3	56.3±14.7	65.0±5.9	74.1±5.2	78.4±3.3	80.0±3.6
	27.3	54.9±14.6	64.5±6.4	76.1±4.7	79.3±3.3	80.1±3.9
	45.3	56.3±15.2	69.3±5.8	77.0±6.1	80.1±3.1	81.4±3.8
	63.3	57.0±16.4	70.4±5.8	79.5±2.8	80.8±3.0	80.8±3.4
	平均值	56.0±15.3	67.3±6.5	76.7±5.2	79.8±3.3	80.8±3.7
风速（m/s）	9.3	0.04±0.03	0.06±0.05	0.09±0.07	0.13±0.09	0.13±0.09
	27.3	0.08±0.04	0.09±0.07	0.07±0.06	0.13±0.07	0.16±0.13
	45.3	0.05±0.03	0.06±0.06	0.06±0.06	0.10±0.08	0.11±0.08
	63.3	0.05±0.04	0.11±0.08	0.12±0.07	0.14±0.09	0.19±0.09
	平均值	0.06±0.04	0.08±0.07	0.08±0.07	0.12±0.08	0.15±0.10
氨气浓度（mg/m^3）	9.3	8.72±2.81	4.49±1.28	6.10±0.83	5.27±1.16	4.54±1.00
	27.3	7.92±2.85	4.32±1.11	6.29±0.77	6.28±1.85	4.89±1.17
	45.3	8.09±2.97	4.40±1.38	6.46±0.89	6.26±1.29	4.83±1.04
	63.3	8.40±2.71	4.33±1.27	6.03±1.03	5.81±1.10	4.95±1.38
	平均值	8.28±2.85	4.39±1.27	6.21±0.90	5.91±1.44	4.80±1.17
二氧化碳浓度（mg/m^3）	9.3	5 271±2 316	4 514±1 290	5 582±666	4 868±851	4 556±831
	27.3	4 948±2 405	4 357±1 311	5 466±578	5 220±757	4 536±953
	45.3	5 072±2 529	4 405±1 386	5 631±645	5 427±830	4 572±907
	63.3	5 240±2 480	4 337±1 405	5 184±687	5 053±662	4 558±792
	平均值	5 133±2 480	4 403±1 350	5 466±672	5 142±805	4 556±873

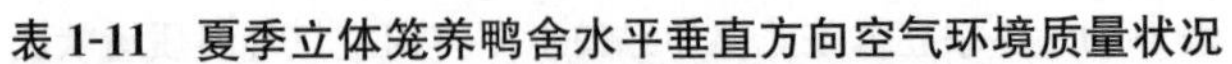

表 1-11　夏季立体笼养鸭舍水平垂直方向空气环境质量状况

环境参数	笼层	1 周龄	2 周龄	3 周龄	4 周龄	5 周龄
温度（℃）	上	33.0±2.2	28.3±2.0	28.0±1.6	26.5±2.5	26.7±2.3
	中		28.7±1.6	28.8±1.2	27.2±1.8	27.4±1.7
	下		28.6±1.6	28.7±1.3	27.0±1.8	27.2±1.8
	平均值		28.5±1.8	28.5±1.4	26.9±2.1	27.1±2.0
相对湿度（%）	上	78.4±8.6	82.5±7.6	86.0±3.6	79.2±8.3	74.8±10.3
	中		82.9±6.2	86.8±4.8	79.5±10.6	75.4±8.2
	下		82.1±6.0	85.5±3.4	78.8±7.8	74.8±8.2
	平均值		82.5±6.6	86.1±4.0	79.2±8.9	75.0±8.9
风速（m/s）	上	0.51±0.39	0.96±0.55	0.93±0.50	0.97±0.46	1.13±0.46
	中		0.74±0.49	0.69±0.42	0.77±0.56	0.84±0.34
	下		0.71±0.47	0.65±0.43	0.68±0.38	0.81±0.32
	平均值		0.80±0.51	0.76±0.47	0.80±0.48	0.93±0.40
氨气浓度（mg/m^3）	上	2.78±2.68	0.56±0.31	0.48±0.28	0.76±0.20	0.46±0.15
	中		1.01±0.41	2.03±1.16	1.69±0.90	0.66±0.16
	下		1.28±0.79	1.14±0.65	1.49±0.56	1.53±0.65
	平均值		0.95±0.62	1.22±1.01	1.46±0.56	0.89±0.61
二氧化碳浓度（mg/m^3）	上	1 832±1 225	1 054±114	1 016±100	1 330±353	1 165±211
	中		1 222±261	1 409±391	1 839±670	1 418±278
	下		1 326±323	1 355±237	1 619±307	1 780±532
	平均值		1 235±280	1 260±237	1 669±529	1 455±446

表 1-12　冬季立体笼养鸭舍水平垂直方向空气环境质量状况

环境参数	笼层	1 周龄	2 周龄	3 周龄	4 周龄	5 周龄
温度（℃）	上	29.8±3.0	24.8±1.9	23.5±1.4	21.2±1.4	18.0±1.6
	中		25.4±1.7	24.2±1.5	22.7±1.0	20.4±1.4
	下		23.2±1.7	22.1±1.8	20.3±3.2	18.8±2.8
	平均值		24.5±2.0	23.3±1.8	21.3±2.4	19.0±2.3

（续）

环境参数	笼层	1周龄	2周龄	3周龄	4周龄	5周龄
相对湿度（%）	上	56.1±15.3	65.7±6.5	77.0±4.9	80.3±3.3	82.1±3.9
	中		67.1±5.8	76.4±4.4	79.3±3.2	80.4±3.5
	下		70.1±6.0	78.0±4.1	80.8±4.7	81.1±3.7
	平均值		67.5±6.4	77.1±4.5	80.2±3.8	81.2±3.7
风速（m/s）	上	0.06±0.04	0.11±0.39	0.10±0.08	0.17±0.09	0.20±0.09
	中		0.05±0.05	0.06±0.05	0.09±0.06	0.10±0.06
	下		0.08±0.06	0.09±0.06	0.12±0.08	0.13±0.08
	平均值		0.08±0.10	0.08±0.07	0.12±0.08	0.15±0.09
氨气浓度（mg/m^3）	上	8.28±2.85	4.07±0.59	6.70±0.54	4.85±0.83	4.50±1.03
	中		4.70±1.44	6.23±0.68	6.65±1.71	5.39±1.30
	下		4.39±1.49	5.87±1.18	6.22±0.93	4.68±1.04
	平均值		4.39±1.27	6.27±0.91	5.91±1.44	4.85±1.19
二氧化碳浓度（mg/m^3）	上	5 133±2 480	4 205±553	5 731±359	4 520±809	4 352±857
	中		4 764±1 722	5 732±642	5 455±632	4 996±1 011
	下		4 216±1 393	4 951±608	5 450±558	4 334±462
	平均值		4 395±1 343	5 473±663	5 142±805	4 559±867

（二）立体笼养鸭舍粉尘

在立体笼养鸭舍中，舍内粉尘浓度随肉鸭生长日龄的增加而增加。同时，冬季舍内总粉尘量及PM10、PM2.5浓度均明显高于夏季。在纵向机械通风鸭舍内部，靠近净道端山墙进风口的鸭舍前段总粉尘量及PM10、PM2.5浓度最低，而远离净道端山墙进风口鸭舍中段及后段的总粉尘量及PM10、PM2.5浓度较高（表1-13和表1-14）。

表 1-13　夏季立体笼养鸭舍粉尘浓度（mg/m³）

环境参数	鸭舍位置	13 日龄	23 日龄	33 日龄	38 日龄
总粉尘量	前段	0.15±0.004	0.16±0.020	0.28±0.014	0.22±0.016
	中段	0.17±0.008	0.21±0.011	0.35±0.012	0.34±0.026
	后段	0.17±0.013	0.22±0.009	0.43±0.016	0.45±0.031
PM10	前段	0.16±0.006	0.15±0.013	0.28±0.011	0.22±0.013
	中段	0.16±0.007	0.17±0.013	0.33±0.013	0.30±0.015
	后段	0.16±0.007	0.17±0.009	0.36±0.020	0.39±0.026
PM2.5	前段	0.14±0.005	0.12±0.006	0.27±0.004	0.20±0.016
	中段	0.16±0.014	0.16±0.013	0.33±0.011	0.26±0.016
	后段	0.16±0.009	0.15±0.007	0.36±0.007	0.31±0.026

资料来源：李明阳（2019）。表 1-14 至表 1-18 的资料来源与此表相同。

表 1-14　冬季立体笼养鸭舍粉尘浓度（mg/m³）

环境参数	鸭舍位置	13 日龄	23 日龄	33 日龄	38 日龄
总粉尘量	前段	0.23±0.024	0.39±0.018	0.41±0.015	0.34±0.018
	中段	0.25±0.024	0.44±0.040	0.89±0.052	0.63±0.033
	后段	0.25±0.023	0.43±0.040	0.80±0.098	0.56±0.051
PM10	前段	0.22±0.027	0.25±0.032	0.36±0.006	0.25±0.009
	中段	0.25±0.036	0.23±0.026	0.48±0.035	0.42±0.031
	后段	0.23±0.028	0.24±0.027	0.47±0.036	0.38±0.039
PM2.5	前段	0.20±0.024	0.12±0.013	0.27±0.006	0.27±0.010
	中段	0.22±0.029	0.13±0.012	0.36±0.035	0.42±0.027
	后段	0.21±0.025	0.12±0.022	0.39±0.007	0.38±0.012

（三）立体笼养鸭舍细菌数量

在立体笼养鸭舍内，空气中的大肠杆菌、金黄色葡萄球菌、沙门氏菌等数量随肉鸭生长日龄的增加而明显增加，且冬季舍内的细菌总数均明显高于夏季。在纵向机械通风鸭舍内部，靠近净道端山墙进风口鸭舍前段空气中大肠杆菌、金黄葡萄球菌、沙门氏菌等数量明显低于鸭舍中段及靠近污道端山墙出风口的后段，且出风口后段空气中的细菌总数往往达到最多（表 1-15 和表 1-16）。

表 1-15　夏季立体笼养鸭舍细菌数量（$\times 10^3$ CFU/m^3）

环境参数	鸭舍位置	13 日龄	23 日龄	33 日龄	38 日龄
细菌总数	前段	16.46±2.74	161.96±48.35	491.13±148.28	346.25±41.00
	中段	87.51±13.31	384.39±25.05	851.65±106.31	1 051.76±124.50
	后段	102.47±11.62	430.59±16.28	1 144.78±34.71	1 591.18±161.89
大肠杆菌	前段	1.57±0.38	69.15±24.54	9.84±2.66	196.54±16.49
	中段	21.67±4.15	299.70±129.22	135.22±23.63	267.93±28.59
	后段	18.41±4.06	165.60±7.15	222.57±18.54	386.14±39.26
金黄色葡萄球菌	前段	15.79±3.71	145.16±47.88	418.69±124.97	238.95±37.56
	中段	79.79±9.80	339.60±28.70	734.07±73.03	1 087.66±76.55
	后段	156.47±69.87	363.67±16.36	1 111.81±35.40	1 974.17±269.53
沙门氏菌	前段	0.05±0.036	0.24±0.100	0.08±0.042	1.21±0.351
	中段	0.05±0.033	0.19±0.074	0.21±0.076	0.89±0.141
	后段	0.12±0.039	0.12±0.043	0.10±0.046	0.94±0.175

表 1-16　冬季立体笼养鸭舍细菌数量（$\times 10^3$ CFU/m^3）

环境参数	鸭舍位置	13 日龄	23 日龄	33 日龄	38 日龄
细菌总数	前段	172.39±30.23	471.18±59.79	1 029.29±25.09	1 591.81±84.34
	中段	272.83±39.04	566.09±54.03	1 383.31±31.78	1 845.67±62.76
	后段	289.20±22.99	749.61±33.21	1 208.19±53.76	1 761.89±97.79
大肠杆菌	前段	10.78±2.29	183.52±23.25	526.61±44.92	960.00±45.93
	中段	21.49±2.55	402.73±54.48	800.00±53.64	1 821.10±87.92
	后段	27.02±2.78	487.98±48.85	708.03±42.94	1 383.94±54.05
金黄色葡萄球菌	前段	180.09±32.15	410.29±38.42	755.91±22.27	1 321.50±118.06
	中段	279.62±35.93	539.21±38.18	1 155.28±87.93	1 414.59±37.70
	后段	280.39±19.82	671.50±48.83	836.54±71.81	1 397.80±45.27
沙门氏菌	前段	0.09±0.049	0.16±0.084	0.16±0.157	0.08±0.079
	中段	0.38±0.087	0.26±0.125	0.47±0.315	0.71±0.461
	后段	0.35±0.087	0.37±0.151	—	0.24±0.168

注：“—”指无数据。全书同。

（四）立体笼养鸭舍肉鸭饲养效果

在立体笼养鸭舍，受夏、冬季气候及肉鸭生活习性的变化，冬季各日龄肉鸭体重均明显高于夏季。同时，纵向机械通风使靠近净道端山墙进风口的鸭舍前段相比中段及靠近污道端山墙出风口的后段具有较好的空气质量。鸭舍前段空气中的氨气、二氧化碳、粉尘及细菌数量均低于鸭舍中段、后段等其他区域。在夏季，鸭舍前段各日龄肉鸭体重均明显高于鸭舍中段及后段（表 1-17）；在冬季，鸭舍中段各日龄肉鸭体重均明显高于鸭舍前段及后段（表 1-18）。在纵向机械水平方向，冬、夏季靠近净道端山墙进风口的鸭舍前段肉鸭各阶段体重均有高于中段及后段的趋势。在笼层垂直方向，上层肉鸭各周龄体重表现出优于中、下层的趋势（表 1-19 和表 1-20）。

表 1-17　夏季立体笼养鸭舍纵向水平每只肉鸭体重（g）

日龄（d）	鸭舍前段（g）	鸭舍中段（g）	鸭舍后段（g）
13	606.0±12.1	574.9±15.5	549.4±13.6
23	1 510.1±23.1	1 501.3±19.8	1 486.7±24.0
33	2 546.7±53.6	2 328.8±34.8	2 275.0±54.9
38	3 195.6±93.8	2 990.0±40.5	2 770.8±86.3

表 1-18　冬季立体笼养鸭舍纵向水平每只肉鸭体重（g）

日龄（d）	鸭舍前段（g）	鸭舍中段（g）	鸭舍后段（g）
13	759.3±17.1	760.83±14.2	715.83±11.4
23	1 708.3±15.5	1 791.67±38.7	829.17±22.9
33	2 496.7±44.9	2 738.75±61.0	2 576.58±50.8
38	2 955.3±51.6	3 335.75±71.2	3 030.67±53.0

表 1-19　冬季立体笼养鸭舍不同位置每只肉鸭的出栏体重

不同笼层 出栏体重（kg）	距净道端山墙纵向距离（m）			
	9.3	27.3	45.3	63.3
上层	3.21±0.23	3.09±0.27	3.06±0.21	3.05±0.21
中层	3.02±0.27	3.05±0.34	3.02±0.10	2.95±0.41
下层	3.04±0.17	3.03±0.25	3.07±0.32	3.04±0.14
平均值	3.06±0.18	3.06±0.26	3.05±0.21	3.01±0.25

表 1-20　夏季立体笼养鸭舍不同位置肉鸭的出栏体重

不同笼层 出栏体重（kg）	距净道端山墙纵向距离（m）			
	9.3	27.3	45.3	63.3
上层	2.98±0.05	2.95±0.17	2.93±0.08	2.90±0.13
中层	2.79±0.13	2.86±0.14	2.78±0.10	2.84±0.10
下层	2.88±0.17	2.90±0.15	2.92±0.18	2.79±0.15
平均值	2.90±0.16	2.90±0.14	2.88±0.14	2.84±0.12

第二章
肉鸭饲养密度

肉鸭的饲养密度即单位面积内饲养的肉鸭数量。不同品种、不同饲养方式、不同生长阶段及对应的体重均影响肉鸭的饲养密度。目前，随着肉鸭养殖正逐渐由水面放养等户外养殖方式向全舍内离水旱养方式转变，饲养密度成为影响肉鸭健康养殖的主要影响因素，对肉鸭生长、健康、粪污排放和养殖经济效益等均产生重要影响。

第一节　饲养密度对肉鸭的影响

一、饲养密度对肉鸭的重要性

鸭性情温驯，胆小易惊，天生喜群居，适于大群饲养。但即使这样，如果饲养密度过大，也将导致鸭的活动量受限，影响采食、饮水，从而影响生长发育；影响羽毛梳理，甚至导致啄羽等行为进而引起皮炎，影响羽毛品质和肉品质；影响通风效果，造成局部温度升高，易产生热应激；导致鸭舍湿度增加，易形成气溶胶。此外，鸭粪便的含水量大，饲养密度大时对于一些采用地面垫料平养的养殖场来说，垫料极易结块，引发脚垫炎。同时，粪便发酵导致氨气等有害气体浓度升高，造成呼吸道疾病，影响鸭群健康。因而，饲养密度对于肉鸭来说尤其重要。

二、饲养密度影响肉鸭生长和健康的机制

高密度饲养会限制肉鸭的活动空间，减少活动量（Li 等，2018）。对于北京鸭而言，高密度饲养会导致其血清皮质酮水平及谷草转氨酶和谷丙转氨酶活性升高（Park 等，2018），血清谷胱甘肽过氧化物酶活性降低，丙二醛水平升高（刘砚涵等，2018），造成氧化应激。另外，高饲养密度还能降低抗氧化相关蛋白（如钙调素和过氧化氢酶）的表达，诱导脂肪酸合成相关蛋白（ACSF2）及脂肪酸氧化相关蛋白（ACADL 和 ACOX1）的高表达。不仅如此，高饲养密度还降低了肉鸭盲肠中胆汁酸合成相关细菌，如 *Clostridiales* 的丰度。因此，高密度饲养可能通过改变肝脏蛋白质组和肠道菌群结构，造成脂质代谢紊乱，从而导致北京鸭出现氧化应激（Wu 等，2018）。

三、饲养密度对肉鸭活动量的影响

尽管活动量并不是生产实践中肉鸭养殖效果的重要衡量指标，但其与肉鸭采食、饮水等行为相关；同时，可能还影响骨骼发育等。活动量过大导致能量消耗过多，但活动量过小时可能影响肉鸭采食和饮水，甚至引起氧化应激。饲养密度可影响肉鸭的活动量。例如，当饲养密度从 5 只/m^2增加到 9 只/m^2时，鸭群活动量随饲养密度的增加而减少，与生产性能的变化基本一致（Li 等，2018）。

四、饲养密度对肉鸭啄羽的影响

羽毛是肉鸭的重要副产品之一，虽然羽毛发育主要取决于品种、营养等因素，但啄羽行为的出现影响了羽毛品质。高密度饲养

导致鸭群应激增加和惊厥，造成啄癖等异常行为高发。Bilsing 等（1992）认为，鸭饲养密度为 11.6 只/m^2 时将导致严重的啄羽行为，但饲养密度为 6.3 只/m^2 时几乎不引起啄羽。高饲养密度的肉鸭有 80%～90%的个体存在啄羽行为。因此，高饲养密度可能由于啄羽增加而导致羽毛质量下降（Park 等，2018）。De Buisonjé（2001）研究发现，与 5 只/m^2、6 只/m^2、7 只/m^2 相比，饲养密度为 8 只/m^2 时北京鸭羽毛会受到损伤，生长性能和产品品质显著下降。由饲养密度高引起的啄羽问题一直受到行业重视，行业从业人员曾经提出通过给肉鸭断喙来避免啄羽的发生，但一直没有执行。除饲养密度外，由于啄羽行为与发育阶段、饲料营养、光照强度、氨气浓度等有关，因此需要通过采取营养、饲养管理等多途径来控制啄羽的发生。

五、饲养密度对肉鸭生长性能的影响

关于饲养密度对肉鸭生长性能的影响，国际上报道得很多，认为高密度饲养影响了肉鸭的生长性能（Osman，1993；Ahaotu 和 Agbasu，2015）。我国学者围绕肉鸭饲养密度进行了不少研究。Xie 等（2014）研究发现，当网上饲养密度分别为 5 只/m^2、6 只/m^2、7 只/m^2、8 只/m^2 和 9 只/m^2 时，且群体规模（网上每栏面积为 30m^2）分别为 150 只、180 只、210 只、240 只和 270 只时，采用机械通风将温度控制在 16～22℃，同时每天清理粪便，高密度饲养能降低北京鸭的生长性能，但不影响其屠宰性能和脚垫炎的发生率。Zhang 等（2018）研究网上养殖（网上每栏长 1.2m、宽 2.4m，面积为 2.88m^2）肉鸭的饲养密度时发现，每栏饲养规模分别为 14 只、23 只、32 只，即 5 只/m^2、8 只/m^2、11 只/m^2 时，8 只/m^2、11 只/m^2 相对于 5 只/m^2 均可导致 42d 体重、日均增重和欧洲综合指数显著下降。同时，当饲养密度在 5～9 只/m^2 范围内，随饲养密度的增加，北京鸭体重呈显著线性下降而料重比呈显著线性上升（Wu 等，2018）。林勇等（2015）研究饲养密度对发酵床养殖肉鸭生长性能的影响时发现，饲养密度过高会降低肉鸭的成活率。

六、饲养密度对肉鸭屠宰性能及肉品质的影响

饲养密度影响鸭肉品质。Osman（1993）认为，按 8 只/m^2 饲养密度地面平养或笼养北京鸭公鸭 4 周可降低胸肌率和腿肌率。虽然 Xie 等（2014）研究认为，当网上饲养密度为 5～9 只/m^2 时不影响屠宰率、胸肌率、腿肌率和腹脂率；但 Zhang 等（2018）和 Wu 等（2018）研究发现，当北京鸭网上饲养密度为 5～9 只/m^2 时，随饲养密度的增加，北京鸭的胸肌率、胸肌总抗氧化能力显著线性下降，而血清丙二醛水平呈显著线性增加。同时，相对于 5 只/m^2 而言，饲养密度为 8 只/m^2 的肉鸭其腿肌重量降低，胸肌的滴水损失提高。

七、饲养密度对肉鸭骨骼的影响

骨骼发育是肉鸭健康生长的重要保障，其好坏影响腿的健康，影响鸭群行走、采食和饮水行为。Zhang 等(2018)研究表明，当网上饲养密度为 11 只/m^2 时，肉鸭胫骨钙磷含量显著降低，导致腿病发生。因此，高饲养密度的鸭易发生跛足。此外，地面高饲养密度平养容易增加北京鸭足垫损伤和跗关节损伤的发生率（Park 等，2018）。

八、饲养密度对肉鸭免疫机能的影响

高饲养密度会增加舍内二氧化碳、氨气和粉尘含量及湿度，因而可能对肉鸭呼吸道产生不利影响。由于饲养密度对舍内或鸭舍局部二氧化碳、氨气、粉尘和湿度影响的研究难度大、影响因素多，

因此关于饲养密度对鸭舍内环境参数的具体影响研究得很少。Wu 等（2018）研究表明，高密度饲养提高了肉鸭盲肠微生物 *Phascolarctobacterium* 的丰度，而降低了 *Bacteroidales*、*Butyricimonas* 和 *Alistipe* 的丰度。*Phascolarctobacterium* 与全身炎性细胞因子显著相关，*Bacteroidales* 的减少与病理状态有关。在高饲养密度环境下，北京鸭气管黏膜 IL-2、IL-6、IL-17 和 IgA 水平上升，肠黏膜白介素-6 和免疫球蛋白 A 含量增加，容易发生呼吸道疾病（刘砚涵等，2018）。

第二节　肉鸭饲养密度参数推荐值

品种和饲养方式均影响肉鸭的饲养密度，不同品种的肉鸭其饲养密度也不同。肉鸭体重越大，饲养密度就越小。通常不同肉鸭品种出栏个体体重从大到小依次为：番鸭、半番鸭、北京鸭、小型肉蛋兼用型地方品种鸭（如临武鸭等）。其中，出栏时番鸭饲养密度最小，肉蛋兼用小型地方品种鸭饲养密度最大。在饲养方式上，目前我国肉鸭离水旱养方式主要以地面垫料平养、网上平养为主；同时，还存在生物发酵床养殖、立体笼养等离水旱养方式。不同饲养方式下的肉鸭饲养密度存在一定差异。网上平养和立体笼养肉鸭的饲养密度要高于地面平养。综合现有相关数据认为，1～7 日龄肉鸭饲养密度不宜超过 40 只，8～14 日龄不宜超过 20 只，15 日龄至出栏不宜超过 8 只。

一、国内肉鸭养殖饲养密度参数推荐值

当前，我国部分省（自治区、直辖市）均颁布了肉鸭养殖的相关地方标准，以指导肉鸭标准化生产。表 2-1 给出了已颁布国内地方标准中对肉鸭养殖舍内饲养密度的推荐值。该推荐值主要针对网

上平养和地面平养两种离水旱养饲养方式，而立体笼养等新型肉鸭饲养方式下饲养密度推荐值报道得极少。同时，该推荐值适用的肉鸭品种主要是以北京鸭、番鸭为代表的大体型肉鸭，而关于临武鸭等小型肉蛋兼用型鸭饲养密度的推荐值极少。尽管部分标准中未指明饲养的肉鸭品种，但推荐的饲养密度往往更适用于大体型肉鸭。

表 2-1　国内肉鸭饲养密度推荐值

品种	生长阶段（d）	饲养方式	饲养密度（只/m^2）	资料来源
未指明	1～21	网上平养	25～30	南京市地方标准（DB3201/T 126—2008）
	22 至出栏	网上平养	7～10	
北京鸭	1～7	网上平养	30～40	北京市地方标准（DB11/T 012.1—2007）
	8～14	网上平养	25	
	15～21	网上平养	15	
	22～28	网上平养	10	
	29～35	网上平养	7	
	36～42	网上平养	5	
北京鸭	1～7	地面平养	25～30	河北省地方标准（DB13/T 902—2007）
	8～14	地面平养	15～25	
	15～21	地面平养	10～15	
	22～28	地面平养	7～8	
	29～35	地面平养	6～7	
	36～42	地面平养	5～6	
	42 至填饲	地面平养	2～3	
未指明	1～7	地面平养	18～26	江苏省地方标准（DB32/T 2692—2014）
	8～14	地面平养	8～12	
	15～21	地面平养	5～8	
	22～49	地面平养	4～5	
	1～7	网上平养	25～45	
	8～14	网上平养	12～20	
	15～21	网上平养	8～12	
	22～49	网上平养	5～7	

（续）

品种	生长阶段（d）	饲养方式	饲养密度（只/m^2）	资料来源
快大型肉鸭	1～14	网上平养	25	安徽省地方标准（DB34/T 1280—2010）
	15～35	网上平养	10	
	36 至出栏	网上平养	5	
	1～14	地面平养	30	
	15～35	地面平养	8	
	36 至出栏	地面平养	4	
半番鸭	1～7	地面平养	20～30	福建省地方标准（DB35/T 1085—2010）
	8～14	地面平养	10～15	
	15～21	地面平养	7～10	
	1～7	网上平养	30～50	
	8～14	网上平养	15～25	
	15～21	网上平养	10～15	
大型半番鸭	22～42	地面平养	6～8	
	43 至出栏	地面平养	4～5	
中小型半番鸭	22～42	地面平养	10～12	
	43 至出栏	地面平养	6～8	
嘉积鸭	1～14	地面平养	公 16，母 18	海南省地方标准（DB46/T 57—2006）
	15～28	地面平养	公 10，母 12	
	29～49	地面平养	公 8，母 10	
	50～70	地面平养	公 5，母 7	
	1～14	网上平养	公 20，母 22	
	15～28	网上平养	公 13，母 15	
	29～49	网上平养	公 10，母 13	
	50～70	网上平养	公 7，母 10	
	1～14	笼养	公 23，母 25	
	15～28	笼养	公 15，母 18	
	29～49	笼养	公 12，母 15	
	50～70	笼养	公 9，母 12	

（续）

品种	生长阶段（d）	饲养方式	饲养密度（只/m²）	资料来源
樱桃谷鸭	1～7	地面平养	20～28	苏州市农业地方标准（DB3205/T 191—2009）
	8～14	地面平养	10～15	
	15～21	地面平养	7～10	
	1～7	网上平养	30～38	
	8～14	网上平养	15～25	
	15～21	网上平养	10～15	
未指明	1～7	地面平养	20	江西省地方标准（DB36/T 568—2009）
	8～14	地面平养	15	
	15～21	地面平养	10	
	22至出栏	地面平养	4～8	
未指明	1～7	网上或地面平养	20～25	广西壮族自治区地方标准（DB45/T 1219—2015）
	8～14	网上或地面平养	10～14	
	15～30	网上或地面平养	7	
	31至出栏	网上或地面平养	3～4	
未指明	1～7	地面平养	20～30	四川省地方标准（DB51/T 1305—2011）
	8～14	地面平养	10～15	
	15～21	地面平养	7～10	
	22～28	地面平养	7～8	
	29～35	地面平养	6～7	
	36～42	地面平养	5～6	
	43～49	地面平养	4～5	
	1～7	网上平养	30～50	
	8～14	网上平养	15～25	
	15～21	网上平养	10～15	
	22～28	网上平养	8～10	
	29～35	网上平养	7～8	
	36～42	网上平养	6～7	
	43～49	网上平养	5～6	

（续）

品种	生长阶段（d）	饲养方式	饲养密度（只/m^2）	资料来源
大型肉鸭	1～14	网上平养	25	农业行业标准（NY/T 5264—2004）
	15～35	网上平养	10	
	36 至出栏	网上平养	5	
	1～14	地面平养	20	
	15～35	地面平养	8	
	36 至出栏	地面平养	4	
中小型肉鸭	1～14	网上平养	30	
	15～35	网上平养	20	
	36 至出栏	网上平养	10	
	1～14	地面平养	25	
	15～35	地面平养	15	
	36 至出栏	地面平养	8	
三水白鸭	1～14	地面平养	25～30	广东省地方标准（DB44/T 162—2003）
	14 至出栏	地面平养	6～8	
临武鸭	1～21	网上平养	15～25	湖南省地方标准（DB43/T 1195—2016）
	22～56	网上平养	6～10	
	57 至出栏	网上平养	6～8	
未指明	1～21	网上平养	50～15	山东省地方标准（DB37/T 381—2003）
	22～35	网上平养	10～8	
	36 至出栏	网上平养	6～5	
	1～21	地面平养	25～10	
	22～35	地面平养	8～6	
	36 至出栏	地面平养	4～3	

二、国外肉鸭养殖饲养密度参数推荐值

尽管肉鸭在国外不是主要家禽消费品种，但基于标准化养殖和动物福利的要求，部分国家科研工作者也报道了肉鸭饲养密度的推

荐值。这些饲养密度推荐值主要针对地面垫料平养和网上平养两种饲养方式，且涉及的肉鸭品种主要为北京鸭、番鸭、半番鸭等大体型肉鸭，这与国外肉鸭养殖的主导品种和主要饲养方式有关。国外尚没有报道肉蛋兼用小型鸭的饲养密度推荐值。表 2-2 给出了美国动物科学协会联盟规定的肉鸭饲养密度推荐值，表 2-3 给出了北美洲最大肉鸭养殖企业——枫叶农场公司给出的不同饲养方式下肉鸭饲养密度推荐值，表 2-4 总结了欧洲肉鸭饲养方式和饲养密度推荐值。

表 2-2　美国动物科学协会联盟规定的肉鸭饲养密度推荐值

日龄（d）	饲养方式（只/m²）	
	地上平养	网上平养
1～7	43	43
8～14	22	22
15～21	12	15
22～28	9	10
29～35	7	8
36～42	6	7
43～49	5	6

表 2-3　枫叶农场公司给出的不同饲养方式下肉鸭的饲养密度推荐值

日龄（d）	体重（g/只）	地面平养（只/m²）	地面平养（只/m²）	网上平养（只/m²）
0	47	359	468	538
7	234	73	94	107
14	725	24	30	35
21	1 351	13	16	19
28	2 083	8	11	12
35	2 827	6	8	9
37	3 033	6	7	8
42	3 420	5	6	7

表 2-4　欧洲肉鸭饲养方式和饲养密度推荐值

国家	品种	饲养方式	饲养规模（只）	出栏时体重（kg/只）	饲养密度（kg/m^2）
德国、英国、荷兰	北京鸭	稻草垫料、漏缝板条、部分漏缝板条	3 000～13 000	3	20
英国、德国	北京鸭	地面平养（稻草垫料），有户外运动场，可戏水	<3 000	3	20
德国、法国	番鸭	网上平养（漏缝板条）	3 000～10 000	4	40
法国	番鸭	网上平养（漏缝板条），有户外运动场	3 000～10 000	3	28
法国	半番鸭	地面平养（稻草垫料），有户外运动场	2 500	4	16
法国	半番鸭	笼养和填饲	600	6～7	60

资料来源：Rodenburg 等（2005）。

第三章

肉鸭饲养环境温度

环境温度是反映周围环境中空气吸收或释放热量能力的物理量。目前，舍内离水旱养已经成为肉鸭的主要饲养方式，舍内温热环境控制已经成为肉鸭健康养殖的关键环节。温度是影响舍内养殖温热环境的主要因素，养殖环境温度过高过低均可显著影响肉鸭的热平衡调节能力，进而影响肉鸭的生长发育。尽管肉鸭的饲养模式与肉鸡日趋接近，但更大的体重、更厚的皮下脂肪和喜水的天性使得肉鸭对舍内温热环境的热平衡调节能力与肉鸡存在明显不同，由水面放养到离水旱养饲养方式的转变也在一定程度上提高了肉鸭对环境温度变化的敏感性。

第一节　环境温度对肉鸭的影响

一、鸭对温度的自身调节能力

鸭能通过头部和腿部向周围环境散失体内热量，但更多的羽绒和更厚的皮下脂肪有效降低了体内热量的散失，起到了良好的保温隔热效果。成年北京鸭体内温度维持在 41.7℃，需要通过体内代谢产热来维持体温恒定。育肥期北京鸭和成年北京鸭的热平衡温度范围为10～15℃（Hagan 和 Heath，1976 ）。当气温下降至热平衡温度区范围以下时，体内热量会通过辐射、传导、对流等方式从鸭体转移到体外环境。热量主要通过鸭体裸露部分（喙、爪、胫骨）散失，少量热量则从羽毛稀少部位散失。增加喙和腿部血液流量及这些部位末端浅表血管扩张也有助于热量转移，其间鸭需要增加体内产热以维持正常体温。当气温升高至鸭的热平衡温度区范围以上时，为防止体温过高，鸭需要散发掉体内多余的热量，这时鸭呼吸频率增加。当空气通过鼻孔、肺和气囊时，蒸发水分，吸收热量。呼气时能散发体内的热量。Hagan 和 Heath（1976）测定了成年北京鸭在不同室温下的呼吸代谢率，发现在室温为 10～15℃时北京鸭的呼吸代谢率最低，并观察到商品代北京鸭在该温度范围内能表现出最佳的生长性能。当环境温度超过 25℃时，鸭只开始气喘（Bouverot 等，1974），而且呼吸代谢率急剧上升。同时，Bouverot 等（1974）研究发现，在温度为 20℃时成年北京鸭的呼吸频率为 10 次/min，当温度升至 35℃时呼吸频率增加至 260 次/min。呼吸频率增加，与呼吸相关的肌肉活动量增加，体内产热量也会随之增加，代谢率表现出升高趋势。不同温度下北京鸭的呼吸频率和代谢率变化见表 3-1。

表 3-1　不同温度下北京鸭的呼吸频率和代谢率变化

气温（℃）	喙温（℃）	代谢率变化（%）	呼吸频率（次/min）
15.5	17.8	0	10
21.1	23.9	+1	15
26.7	31.1	+3	95
32.2	36.7	+7	232
37.8	40.0	—	290

资料来源：Hagan 和 Heath（1976）；Bouverot 等（1974）。

二、环境温度对肉鸭生长性能的影响

环境温度过高可显著影响肉鸭生长。与正常环境温度（1～7

日龄：32.2℃；8～20 日龄：25.5℃；21～54 日龄：18.3℃）相比，较高环境温度（1～7 日龄时的环境温度与正常环境温度一样，都是 32.2℃，但 8～54 日龄时的环境温度为 29.4℃）下北京鸭39～52 日龄的平均日增重和 54 日龄体重均显著下降，7～35 日龄料重比表现出升高的趋势（Hester 等，1981a，1981b）。其中，54 日龄北京鸭体重下降 30%（Hester 等，1981a）。

Xie 等（2019）研究 6 个不同育雏温度（26℃、28℃、30℃、32℃、34℃、36℃）对北京鸭育雏期（1～14 日龄）及育肥期（15～35 日龄）生长性能的影响时发现，1～14 日龄北京鸭体重、日增重、采食量均随育雏温度的升高而呈线性或二次曲线下降趋势，且当温度为 36℃时达到最低。依据折线模型，以体重、日增重、采食量为评价指标，1～7 日龄北京鸭育雏时最高环境温度不宜超过 31℃。然而，与 28℃、30℃、32℃、34℃相比，26℃或 36℃温度下育雏的北京鸭在 14～35 日龄育肥期表现出显著降低的体重、体增重和采食量。这也反映出育雏期环境温度控制在肉鸭养殖过程中极为重要，过高与过低的育雏温度都会对育肥期北京鸭的生长性能产生不利影响。

Sun 等（2019）研究了 6 个不同环境温度（20℃、22℃、24℃、26℃、28℃、30℃）对育肥期（15～42 日龄）北京鸭生长性能的影响，发现采食量随温度升高而呈线性下降，育肥期北京鸭的体重、日增重也表现出随温度升高而呈线性或二次曲线下降趋势，而料重比随温度升高而表现出升高趋势。当环境温度为 30℃时，北京鸭体重、采食量、料重比等生长性能均为最低水平。依据折线模型，以体重、日增重、料重比为评价指标，育肥期北京鸭养殖的最高环境温度不宜高于 27℃。

三、环境温度对肉鸭屠宰性能的影响

环境温度过高也会对育肥期北京鸭的屠宰性能产生不利影响。

在高温条件下，受体重降低的影响，54 日龄北京鸭胸肌、腿肌、翅膀的绝对重量均显著降低，但胸肌、腿肌、翅膀和胴体相对于屠体的百分比均显著升高（Wilson 等，1980）。这可能与体重降低幅度大于胴体各器官组织重量的降低幅度有关。Sun 等（2019）研究 6 个不同环境温度（20℃、22℃、24℃、26℃、28℃、30℃）对 42 日龄北京鸭屠宰性能的影响时发现，当环境温度由 20℃逐级上升至 30℃时，北京鸭胸肌、腿肌、腹脂等组织绝对重量随温度升高而呈线性或二次曲线下降，胸肌和腹脂相对体重的比例也随温度升高表现出显著线性或二次曲线下降，且当温度为 30℃时以上屠宰性能指标均达到最低水平。然而，腿肌相对体重的比例也随温度升高而表现出显著线性升高，这与育肥期肉鸭腿肌生长速度降低，以及高温对腿肌生长的抑制程度低于对体重增加的抑制程度有关。以胸肌绝对重量和相对重量为评价指标，依据折线模型，为保持最佳的胸肌产量，肉鸭在育肥期的环境温度不宜高于 26℃。

四、环境温度对肉鸭肾上腺的影响

Hestert 等（1981a）研究了长期热应激对北京鸭肾上腺重量及其胆固醇和皮质酮水平的影响时发现，在 29.4℃持续高温下 8～54 日龄北京鸭肾上腺绝对重量及其占体重比例表现为升高趋势。同时，北京鸭肾上腺总胆固醇水平显著上升，而肾上腺总皮质酮水平未发生显著变化。暗示环境温度过高可导致肉鸭产生应激反应。

五、环境温度对肉鸭消化道食糜排空速度的影响

Wilson 等（1980）研究了环境高温对北京鸭食糜排空速度的影响，在正常环境温度（1～7 日龄：32.2℃；8～20 日龄：25.5℃；21～49 日龄：18.3℃）和较高环境温度（1～7 日龄时的环

境温度与正常环境温度一样，都是32.2℃，但8～49日龄时的环境温度为29.4℃）条件下，1～7周龄北京鸭平均食糜排空时间分别为113.5min和121.9min。环境温度升高显著增加了肉鸭食糜的排空时间。

六、环境温度对肉鸭血液生化指标的影响

血液生化指标通常用于间接评价动物的健康状况，谷丙转氨酶、谷草转氨酶、乳酸脱氢酶、γ-谷氨酰基转移酶、α-羟基丁酸脱氢酶活性，以及总胆红素、直接胆红素含量等指标常被用来评价心脏、肝脏的损伤程度。当肝细胞、心肌细胞的完整性受到损害时，血液中相关酶的活性会显著升高。孙培新等（2019）系统研究不同环境温度（20℃、22℃、24℃、26℃、28℃和30℃）对35日龄北京鸭血液生化指标的影响时发现，与20℃、22℃、24℃、26℃和28℃的环境温度相比，30℃下饲养21d后35日龄北京鸭血液中谷丙转氨酶活性、总胆红素和直接胆红素含量显著升高。暗示高温存在诱发肉鸭肝脏和心脏等组织器官损伤的风险。同时，血浆尿酸含量是反映家禽体内氨基酸利用率的敏感指标，含量降低则机体氨基酸利用率升高。与20℃、22℃、24℃和26℃环境温度相比，28℃和30℃环境温度下饲养21d的北京鸭其血浆中尿酸水平显著升高。这也间接反映出高温可导致肉鸭体内对氨基酸的利用率降低，与30℃环境温度下饲养的14～35日龄北京鸭料重比显著升高的现象基本一致。30℃环境温度下饲养的北京鸭血浆总胆固醇含量显著升高。这可能与环境高温产生的热应激导致甲状腺素、皮质酮等类固醇激素分泌量增多，进而导致血浆总胆固醇含量升高有关。另外，30℃的持续环境高温会降低35日龄北京鸭的血液红细胞计数、血红蛋白含量、红细胞比容等全血常规指标。这可能是因为高温环境下北京鸭通过增加呼吸频率来增加耗氧量，进而增加血液中的氧分

压，减少红细胞生成及与由高温条件引起的血液稀释有关。

七、环境温湿度互作对肉鸭的影响

湿度是反映环境空气中水汽含量多少的物理量。在一定温度下一定体积的空气里含有的水汽越少，表示空气越干燥；水汽越多，表示空气越潮湿。环境湿度通常用绝对湿度、相对湿度、饱和湿度等指标来表示，在肉鸭养殖中通常采用相对湿度表示环境湿度。环境湿度会影响肉鸭的热调节能力。高温下高湿会阻碍肉鸭机体蒸发散热，低温下高湿又会促进辐射和传导散热。因此，环境温度与湿度之间存在一定的互作关系。孙培新（2020）用2个相对湿度水平（60%和80%）和3个温度水平（20℃、25℃、30℃）研究了舍内环境温湿度互作对14～42日龄育肥期北京鸭生长性能和屠宰性能的影响。在20℃和30℃下，相对湿度由60%升高到80%均可显著降低14～42日龄北京鸭的日增重，而2个湿度水平对25℃下14～42日龄北京鸭的日增重未产生显著影响。同时，与30℃相比，当相对湿度为60%、温度为25℃时，42日龄北京鸭的胸肌率可达到最佳；而当相对湿度为80%、温度为20℃时，42日龄北京鸭的胸肌率才能达到最佳。由此可见，湿度升高可加剧高温对育肥期北京鸭的生长抑制作用。

第二节　肉鸭饲养环境温度参数推荐值

温度与湿度密切相关。在高温条件下，湿度过高，空气中的水汽压升高，动物体表蒸发面水汽压与空气水汽压差值减少，动物体表蒸发散热量减少，散热能力降低。在低温条件下，湿度过高，被毛和皮肤吸收空气中的水分后，动物体表导热系数升高，降低了体表阻热作用，增加了非蒸发散热，使机体感到更冷。尽管目前对肉鸭养殖环境湿度及其与温度关系的研究未见相关报道，但在规定环境温度时，应充分考虑环境湿度的影响。依据现有相关数据，在育雏期前3d环境温度不应低于30℃，在14日龄以前环境温度应保持在25℃以上，14日龄以后环境温度可逐渐降至室温，但不应低于13℃。1～21日龄时舍内环境相对湿度维持在60%～80%，而21日龄以后应保持在50%以上。

一、国内肉鸭饲养环境温度参数推荐值

目前，我国部分省（自治区、直辖市）均颁布了肉鸭养殖的地方标准，以指导肉鸭标准化生产，其中不少标准均给出了不同生长阶段肉鸭养殖的环境温度参数（表3-2）。考虑到环境温度与湿度存在互作关系，在选择肉鸭饲养环境温度参数的同时，应同时考虑环境湿度。

表3-2　国内肉鸭饲养环境温度与湿度推荐值

肉鸭品种	生长日龄（d）	温度（℃）	湿度（%）	资料来源
未指明	1～3	31～33	60～65	南京市地方标准（DB3201/T 126—2008）
	4～7	28～30	60～65	
	8～14	26～28	60～65	
	15～21	24～26	60～65	
	22至出栏	>18	—	
北京鸭	1～7	32～25	75～80	北京市地方标准（DB11/T 012.1—2007）
	8～14	25	75～60	
	15～21	23～20	60	
	22至出栏	>10	—	
北京鸭	1～3	30～33	55～65	河北省地方标准（DB13/T 902—2007）
	4～6	27～30	55～65	
	7～10	24～27	55～65	
	11～15	21～24	55～65	
	16～20	18～20	55～65	
	21至出栏	—	40～70	

（续）

肉鸭品种	生长日龄（d）	温度（℃）	湿度（%）	资料来源
未指明	1～3	27～30	60～70	江苏省地方标准（DB32/T 2692—2014）
	4～6	24～27	60～70	
	7～10	21～24	50～55	
	11～15	18～21	50～55	
	16～20	16～18	50～55	
	21 至出栏	16	50～55	
三水白鸭	1～14	30～25	60～70	广东省地方标准（DB44/T 162—2003）
	14 至出栏	华南地区室温	60～70	
快大型肉鸭	1～3	>28	50～65	安徽省地方标准（DB34/T 1280—2010）
	4～7	>28	50～65	
	8～14	24～25	50～65	
	15～21	21～22	50～65	
	22～28	18～19	50～65	
	29～35	18 至室温	50～65	
半番鸭	1～7	32～30	50～70	福建省地方标准（DB35/T 1085—2010）
	8～14	28～25	50～70	
	15～21	25～20	50～70	
嘉积鸭	0～7	30～32	60～70	海南省地方标准（DB46/T 57—2006）
	8～14	26～28	60～70	
	15～21	24～26	60～70	
嘉积鸭	22～28	22～24	60～70	海南省地方标准（DB46/T 57—2006）
	29～35	20～22	60～70	
	36 至出栏	20 至室温	60～70	
樱桃谷鸭	1	32	60～75	苏州市农业地方标准（DB3205/T 191—2009）
	2～7	28～30	60～75	
	8～14	25～28	60～75	
	15 至出栏	18～25	60～75	

（续）

肉鸭品种	生长日龄（d）	温度（℃）	湿度（%）	资料来源
临武鸭	1～3	31～33	60～80	湖南省地方标准（DB43/T 1195—2016）
	4～7	28～30	60～80	
	8～14	26～28	60～80	
	15～21	24～26	60～80	
	22～28	22～24	60～80	
	28至出栏	＞18	60～80	
快大型肉鸭	1～3	30～32	65	江西省地方标准（DB36/T 568—2009）
	4～10	27～29	60～65	
	11～17	23～26	55～60	
	18至出栏	＞20	55	
未指明	1～7	28～30	60～70	广西壮族自治区地方标准（DB45/T 1219—2015）
	8～9	26～28	60～70	
	10～11	24～26	60～70	
	12～13	22～24	60～70	
	14～15	20～22	60～70	
	16至出栏	室温	60～70	
未指明	1～3	31～33	60～70	四川省地方标准（DB51/T 1305—2011）
	4～6	29～31	60～70	
	7～10	26～29	55～60	
	11～15	23～26	55～60	
	16～20	20～23	55～60	
	21至出栏	18左右	55～60	
未指明	1～3	＞30	—	农业行业标准（NY/T 5264—2004）
	4～7	＞30	—	
	8～14	26～27	—	
	15～21	23～24	—	
	22～28	20～21	—	
	29至出栏	室温	—	

（续）

肉鸭品种	生长日龄（d）	温度（℃）	湿度（%）	资料来源
未指明	1～3	31～32	60～70	山东省地方标准（DB37/T 381—2003）
	4～7	29～30	60～70	
	8～14	26～27	60～70	
	15～21	23～24	60～70	
	22～28	20～21	50～55	
	28	20	50～55	

二、国外肉鸭饲养环境温度参数推荐值

目前，国外对肉鸭饲养环境温度参数推荐值的报道极少。表3-3是美国学者和动物科学协会联盟给出的北京鸭不同生长阶段饲养环境温度参数推荐值，但尚未给出对应的环境湿度参数。

表 3-3　国外北京鸭养殖环境温度与湿度推荐值

生长阶段（d）	温度（℃）	资料来源
1	30	Dean（2003）
7	27	
14	23	
21	19	
28	15	
35	13	
42	13	
49	13	
1～7	＞29.5	美国动物科学协会联盟（2010）
8～14	＞26.2	
15～21	＞22.9	
22～28	＞19.6	
29～35	＞13	

第四章
肉鸭饲养光照

在肉鸭养殖日益集约化和规模化的趋势下，光照作为肉鸭养殖中的关键环境因子之一具有重要意义。科学合理地采用人工光照可以提高肉鸭的生长性能和福利，提高肉鸭养殖的经济效益。肉鸭饲养光照制度涉及的因素主要包括光源、光色、光照强度及光照周期。因来源不同可将光照分为人工光照和自然光照。随着肉鸭集约化旱养程度的提高，人工光照已成为肉鸭养殖光照的主要来源。人工照明的光源包括白炽灯、节能灯和 LED 灯。白炽灯由于存在光效较低、寿命短和环境污染等问题已经逐渐被淘汰，肉鸭养殖业目前正在转向使用其他照明光源，常见的有节能灯和 LED 灯。与节能灯相比，LED 灯可以提高肉鸭的饲料转化率和福利。

第一节　光色对肉鸭的影响

光色对肉鸭的生长性能、抗氧化能力、肌肉生长、肉品质和免疫性能均有影响。在肉鸭养殖中，白光照明对肉鸭生长有促进作用，而蓝光照明对肉鸭生长有抑制作用。

一、光色对肉鸭生长性能的影响

1～21 日龄绿光照明组肉鸭体重和体增重显著高于黄光照明组

和白光照明组，在22～42日龄时也表现出同样趋势，而蓝光和绿光之间无显著差异（Hassan，2017）。辛海瑞（2016）采用绿光、蓝光、红光、白光和白炽灯在肉鸭上进行研究表明，不同光色照明对北京鸭的采食量和料重比均无显著影响。1～35日龄各光色照明组之间的肉鸭体增重也无显著差异，但红光照明降低了36～42日龄肉鸭体增重。白光和红光照明组樱桃谷鸭的终末均重、平均日采食量和平均日增重均显著高于其他光色照明组，蓝光照明组的终末均重、平均日采食量和平均日增重显著低于其他光色组（崔家杰，2019）。与白光和红光相比，采用蓝光照明显著降低了28日龄和35日龄北京鸭的体重（Campbell，2015）。光色可能通过影响肉鸭的行为活动进而影响采食和生长性能。光色也可能通过下丘脑-垂体-肾上腺轴、促生长轴和促性腺激素轴来影响激素分泌，进而影响生长性能。在蓝光照明下，肉鸭皮质酮含量高于白光和红光，生长激素含量低于白光和红光（Campbell等，2015）。这可能是蓝光照明抑制了肉鸭生长的原因。

二、光色对肉鸭屠宰性能的影响

红光、蓝光、黄光、白光、绿光等不同光色对21日龄樱桃谷鸭的胸肌率和腿肌率均无显著影响（崔家杰，2019）。绿光、蓝光、红光、白光和白炽灯等不同光色对42日龄北京鸭的胸肌和腿肌率也均无显著影响（辛海瑞，2016）。

三、光色对肉鸭抗氧化机能的影响

光色可影响肉鸭的抗氧化机能。在樱桃谷鸭上的研究表明，绿光照明组肉鸭血浆中的过氧化氢酶活性和总抗氧化能力显著高于白光照明组。绿光照明组和白光照明组肉鸭肝脏的丙二醛含量之间无显著差异，但绿光照明组肉鸭肝脏谷胱甘肽过氧化物酶活性和总超氧化物歧化酶活性均显著高于白光照明组（崔家杰，2019）。

四、光色对肉鸭肠道褪黑激素含量及受体基因表达的影响

褪黑激素主要由松果体分泌，释放到脑脊液和血液中，其他组织如视网膜、副泪腺和淋巴细胞也能分泌褪黑激素。褪黑激素具有抗氧化和调节免疫的作用，除松果体外，动物的胃肠道是分泌褪黑激素的主要场所。褪黑激素在肠道中的广泛分布说明其在胃肠道中可能具有重要的作用。褪黑激素的受体分为核受体和膜受体，膜受体属于典型的G蛋白偶联受体。在鸭的不同肠段，褪黑激素结合点密度最高的为回肠和空肠，其余依次为十二指肠、结肠和盲肠（Lee等，1993）。崔家杰（2019）的研究表明，光色对樱桃谷鸭空肠和回肠褪黑激素的含量无显著影响。然而，白光照明组肉鸭十二指肠褪黑激素含量极显著高于黄光和蓝光照明组，与绿光照明组无显著差异，但褪黑激素含量在数值上高于绿光照明组。同时，白光可以提高肉鸭褪黑激素受体Mel-1A、Mel-1B和Mel-1C的表达。以上结果暗示，白光照明有利于肉鸭肠道褪黑激素分泌，进而促进褪黑激素对肠道的生理调节作用。

第二节　光照强度对肉鸭的影响

光照强度会影响肉鸭的活动量、行为、免疫系统、生长速度及成活率等。光照过强时肉鸭易躁动不安，导致活动量增加，容易引发严重的啄癖、脱肛等。光照太弱时又会使肉鸭的活动量减少，胴体性能降低，患腿病和眼病的概率增加，不利于肉鸭生长。用低光照强度照明可刺激育雏期肉鸭眼球代偿性生长，适宜的光照强度可促进肉鸭褪黑激素受体基因的表达。光照强度对育肥期肉鸭生长性

能、屠宰性能及组织器官的生长发育虽然不产生显著的不利影响，但低光照强度可改善育肥期肉鸭的饲料转化效率。

一、光照强度对肉鸭生长性能的影响

辛海瑞等（2016）研究了1lx、5lx、10lx、15lx、40lx共5个不同光照强度对北京鸭生长性能的影响表明，光照强度对北京鸭生长性能的影响不显著，但5lx光照强度能提高1～42日龄及36～42日龄肉鸭饲料转化效率的趋势。谢强（2018）研究5lx、10lx、20lx、40lx和80 lx共5个不同光照强度对1～21日龄樱桃谷鸭生长性能的影响时也发现，不同光照强度对肉鸭体重、平均日采食量、平均日增重、耗料增重比均无显著影响，但光照强度为5lx时料重比最佳。

二、光照强度对肉鸭屠宰性能的影响

谢强（2018）研究了光照强度对育雏期樱桃谷鸭屠宰性能的影响发现，当光照强度为5lx、10lx、20lx、40lx和80 lx时，对21日龄樱桃谷鸭胸肌和腿肌率无显著影响，但10lx光照强度组肉鸭则表现出了更高的胸肌率与腿肌率。辛海瑞（2016）观察了1lx、5lx、10lx、15lx、40lx这5个不同光照强度对育肥期北京鸭胴体品质的影响认为，在5lx光照强度条件下，42日龄北京鸭胸肌率显著高于40lx光照强度组，但对腿肌率无显著影响。同时，5lx光照强度条件下鸭胸肌肉色的红度和亮度值更优。

三、光照强度对肉鸭骨骼的影响

钙和磷是组成骨骼的主要矿物质元素。骨骼的健康程度影响肉鸭的死淘率、福利和经济效益。因此，在肉鸭快速生长时保证其骨骼的正常发育显得尤为重要。光照强度对樱桃谷鸭胫骨物理特性和胫骨粗灰分、钙、总磷均无显著影响，但 21 日龄肉鸭胫骨中钙磷比例在光照强度为 40lx 时显著高于 5lx、10lx 和 80lx（谢强，2018）。这暗示高光照强度对钙吸收的影响程度要高于磷。同时，高光照强度下骨骼中钙磷比例的升高也存在因钙磷比例失调导致骨骼发育不良的风险。

四、光照强度对肉鸭主要组织器官的影响

在 5lx、10lx、20lx、40lx 和 80lx 不同光照强度下，21 日龄樱桃谷鸭心脏和肝脏占体重比例未受到显著影响，且脾脏、法氏囊、胸腺等免疫器官重量占体重比例也均未受到显著影响。然而，肾脏占体重比例在光照强度为 10lx 时显著高于光照强度为 20lx、40lx、80lx 时（谢强，2018）。过高的光照强度可能对肉鸭组织器官生长发育不利。

五、光照强度对肉鸭眼球的影响

眼球是家禽接收光信息的最直接器官，也是反映光照条件变化的敏感器官。光照可通过影响行为与生理来调节家禽生长和眼球发育。过低的光照强度会产生水泡眼，导致视网膜变形，出现脉络膜炎，并使眼球重量与尺寸增加，进而更易导致眼病。研究表明，21 日龄樱桃谷鸭眼球横径在光照强度为 5lx 时显著高于光照强度为 20lx、40lx、80lx 时，但眼球前后径无显著差异；同时，光照强度为 5lx 时肉鸭眼球重量也显著高于其他光照强度处理组（谢强，2018）。这可能是由于在过低光照强度条件下，肉鸭眼球脉络膜伴随炎症发生，或过低光照条件诱使肉鸭眼球的视网膜发生变形，从

而导致眼球横径增大。由此可见，对于育雏期肉鸭的养殖光照强度不宜过低。

六、光照强度对肉鸭激素分泌的影响

禽类生长受神经-内分泌系统的精密调控。外界光信息通过视网膜与非视网膜（松果体或下丘脑）途径，将光信号转化为电信号，通过影响松果体与下丘脑-垂体释放激素来调节机体的生长发育，进而影响诸多代谢途径。其中，促生长激素轴、促甲状腺激素轴、促性腺激素轴和褪黑激素分泌在禽类的生长发育和肌肉生长中起重要作用，促甲状腺激素轴主要通过三碘甲状腺原氨酸调控禽类的生长发育。

1lx、5lx、10lx、15lx 和 40lx 光照强度对 42 日龄北京鸭血浆褪黑激素含量无显著影响（辛海瑞，2016）。在 5lx、10lx、20lx、40lx 和 80lx 光照强度下，21 日龄樱桃谷鸭血浆中褪黑激素、生长激素、胰岛素样生长因子-1 和甲状腺素含量均未受到显著影响，但血浆三碘甲状腺原氨酸含量在光照强度为 5lx、10lx、20lx 时显著高于光照强度为 40lx、80lx 组（谢强，2018）。应激往往会导致家禽血浆中甲状腺素、三碘甲状腺原氨酸、皮质酮等激素水平显著升高。然而，谢强（2018）的研究中尚未观察到光照强度对 21 日龄樱桃谷鸭血浆中皮质酮含量产生显著影响。因此，育雏期较高光照强度不会对肉鸭产生严重的应激反应。

褪黑激素可与靶细胞上的相应受体结合，引起细胞内信号级联反应进行信号传递，从而发挥其生物学功能，Mel-1a、Mel-1b 和 Mel-1c 是褪黑激素发挥生物学功能的主要受体。不同光照强度对樱桃谷鸭眼球 *Mel-1A* 基因的表达可产生显著影响，其中 5lx、20lx、40lx 光照强度下 *Mel-1A* 基因的表达量高于 80lx；但不同光照强度对下丘脑、垂体、肝脏、十二指肠、空肠、回肠中 *Mel-*

1A 基因的相对表达量无显著影响；同时，光照强度对樱桃谷鸭十二指肠 *Mel-1B* 基因的表达产生显著影响，10lx 光照强度下 *Mel-1B* 基因的表达量高于 5lx 和 20lx 光照下的光照强度，但光照强度对眼球、下丘脑、垂体、肝脏、空肠、回肠 *Mel-1B* 基因的表达未产生显著影响；此外，光照强度对樱桃谷鸭眼球、下丘脑、垂体、肝脏、十二指肠、空肠 *Mel-1C* 基因的表达量均未产生显著影响，但 20lx 光照强度下回肠褪黑激素受体 *Mel-1C* 基因的表达量显著低于 5lx、10lx 和 80lx 的光照强度（谢强，2018）。由此可见，光照强度过高和过低均可抑制褪黑色素受体基因的表达。

第三节　光照周期对肉鸭的影响

在家禽养殖生产中，通常将自然界一个昼夜定义为一个光照周期。有光照的时间为明期，无光照的时间为暗期。在一个光照周期，如只有一个明期和一个暗期的称为单期光照；如在 24h 内出现 2 个或 2 个以上的明期或暗期，即为间歇光照。相较于其他光照因子，光照节律在光照周期的设置上更为复杂，不仅仅包括不同时间的连续光照，还包括间歇光照、变程光照（包括渐增光照、渐减光照、先减后增光照、先增后减光照等）、连续光照＋补光光照、连续光照＋间歇光照等。目前家禽生产上，多采用间歇光照、连续光照、渐增光照或渐减光照的模式。当前集约化肉鸭养殖正逐步向全舍内离水旱养方式发展，肉鸭养殖的光照周期设置将变得尤为重要。现有研究表明，间歇光照、持续光照等光照制度对肉鸭生长性能、屠宰性能和抗氧化机能不会产生显著的不利影响。光照时间增加会导致肉鸭血液中免疫相关细胞因子水平降低。虽然如此，但肉鸭养殖时每日光照时间应不低于 12h。

一、光照周期对肉鸭生长性能的影响

在20lx（1～6日龄）和5lx（7～49日龄）的光照强度下，间隙光照（1h光照＋3h黑暗交替）、连续光照（23h光照＋1h黑暗）、渐增光照（6h光照增至24h光照）对4～49日龄樱桃谷鸭的饲料转化效率和死亡率均未产生显著影响，但间歇光照和连续光照下北京鸭的日增重优于渐增光照（刘安芳等，2001）。韩燕云等（2009）研究了5lx和25lx 2个光照强度，以及24h、16h、2h光照＋2h黑暗交替3个光照周期对北京鸭生长性能的影响，在2种光照强度下，不同光照周期对0～3周龄和0～6周龄北京鸭增重、料重比、出栏体重等生长性能，以及6周龄全净膛率、胸肌率、腿肌率等屠宰性能均未产生显著影响，但每日24h光照周期下0～3周龄雏鸭增重和6周龄出栏体重均达到最优。研究间歇光照（3h光照、1h黑暗交替）、渐增光照（12h渐增至24h）、短时光照（18h光照＋6h黑暗）、渐减光照（24h渐减至12h）、连续光照（24h）这5种光照周期对4～42日龄北京鸭生长性能的影响时发现，在5lx光照强度下，短时光照时4～14日龄北京鸭的采食量和日增重相比其他光照制度均显著下降，但5种光照周期对1～6周龄北京鸭的增重、采食量及料重比均未产生显著影响（辛海瑞，2016）。

二、光照周期对肉鸭屠宰性能的影响

刘安芳等（2001）发现，在20lx（1～6日龄）和5lx（7～49日龄）的光照强度下，间歇光照（1h光照＋3h黑暗交替）、连续光照（23h光照＋1h黑暗）、渐增光照（6h光照增至24h光照）对49日龄肉鸭腹脂率和皮脂率的影响高于间歇光照及渐增光照下的肉鸭。韩燕云等（2009）研究了15lx和25lx 2个光照强度，以及

24h、16h、2h 光照＋2h 黑暗交替 3 个日光照周期对北京鸭胴体品质的影响，表明在 2 种光照强度下，不同光照周期对 6 周龄出栏北京鸭的屠体重、全净膛率、胸肌率、腿肌率、腹脂率等屠宰性能指标均未产生显著影响，但每日 24h 光照周期下屠体重和胸肌率均可达到最优。然而，研究间歇光照（3h 光照＋1h 黑暗交替）、渐增光照（12h 渐增至 24h）、短时光照（18h 光照＋6h 黑暗）、渐减光照（24h 渐减至 12h）、连续光照（24h）5 种光照周期对 42 日龄北京鸭屠宰性能的影响时发现，24h 连续光照下 42 日龄北京鸭的全净膛率显著低于其他 4 种光照周期，但这 5 种光照周期对 42 日龄北京鸭的胸肉率、腿肌率、皮脂率等屠宰性能指标均未产生显著影响。同时，不同光照周期对 42 日龄北京鸭胸肌 pH、滴水损失率和肉色等指标也均未产生显著的不利影响（辛海瑞，2016）。

三、光照周期对肉鸭抗氧化机能的影响

研究间歇光照（3h 光照＋1h 黑暗交替）、渐增光照（12h 渐增至 24h）、短时光照（18h 光照＋6h 黑暗）、渐减光照（24h 渐减至 12h）、连续光照（24h）5 种光照周期对 42 日龄北京鸭抗氧化机能的影响时发现，不同光照周期对北京鸭血浆中丙二醛水平及总超氧化物歧化酶活性、谷胱甘肽过氧化物酶活性等指标均未产生显著影响，但 24h 连续光照时北京鸭血浆中反映脂质过氧化物水平的丙二醛含量相比其他 4 种光照周期达到最低值（辛海瑞，2016）。

四、光照周期对肉鸭免疫机能的影响

光照周期可能通过调控内源性褪黑素的分泌来影响肉鸭的免疫

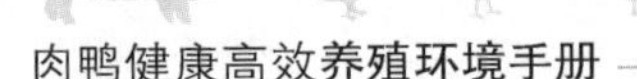

机能。在6h、12h、18h共3种日光照时间下，随着光照时间的延长，7～35日龄北京鸭内源性褪黑素水平降低，鸭外周血液中的白细胞、红细胞、血红蛋白，以及白介素-2、γ-干扰素、免疫球蛋白G、$CD3^+$ T淋巴细胞、$CD4^+$ T淋巴细胞、$CD3^+CD8^+$ T淋巴细胞和Bu-1a$^+$ B淋巴细胞数量均显著降低，而白介素-6和肿瘤坏死因子-α也表现出降低趋势（龄南等，2005；刘淑英等，2006a，2006b；张有聪等，2006）。

第四节　肉鸭饲养光照强度和光照周期推荐值

光照强度及光照周期可直接影响肉鸭的采食量，从而影响肉鸭生长。依据当前肉鸭养殖生产实践，光照颜色和光照强度均显著影响肉鸭生长。舍内肉鸭养殖宜采用白色光照明。综合现有数据，1～3日龄肉鸭光照强度为10～15lx，光照时间为24h/d。4日龄至出栏的光照强度为5～10lx，其中4～14日龄光照时间不宜低于20h/d，15日龄至出栏的光照时间可逐渐过渡到自然光照。

一、国内肉鸭饲养光照强度和光照周期推荐值

目前，我国部分省（自治区、直辖市）颁布的相关地方标准均给出了肉鸭饲养光照强度和光照周期的推荐值（表4-1），但对光源和光照颜色的选择均未作明确要求。

表4-1　肉鸭饲养光照强度和光照周期推荐值

肉鸭品种	生长阶段（d）	光照强度	光照时间（h/d）	资料来源
未指明	1～3	10～15lx（1W/m^2）	24	南京市地方标准（DB3201/T 126—2008）
	4～7	10～15lx（1W/m^2）	23	
	8～21	5～10lx（1W/m^2）	过渡到自然光照	
	22至出栏	5～10lx（1W/m^2）	自然光照	

（续）

肉鸭品种	生长阶段（d）	光照强度	光照时间（h/d）	资料来源
北京鸭	1～7	6.25～7.5W/m^2	24～23	北京市地方标准（DB11/T 012.1—2007）
	8～14	6.25～7.5W/m^2	18	
	15～21	6.25～7.5W/m^2	16	
	22至出栏	1.25～1.5W/m^2	过渡到自然光照	
未指明	1～3	15～30 W/20m^2	24	江苏省地方标准（DB32/T 2692—2014）
	4～8	15～30 W/20m^2	23	
	9～21	15～30 W/20m^2	1h/d过渡到自然光照	
	22～49	以能见到饲料为准	自然光照	
快大型肉鸭	1至出栏	10～15lx（2～3W/m^2）	24	安徽省地方标准（DB34/T 1280—2010）
半番鸭	1～7	40lx	24	福建省地方标准（DB35/T 1085—2010）
	8～21	30lx	24～16	
	22至出栏	—	自然光照	
嘉积鸭	1～3	1W/m^2	22～20	海南省地方标准（DB46/T 57—2006）
	4～15	1W/m^2	21～10	
	16～28	1W/m^2	过渡到自然光照	
	29～70	暗光	自然光照	
樱桃谷鸭	1～3	10lx	24	苏州市农业地方标准（DB3205/T 191—2009）
	4～7	8lx	23	
	8～14	5lx	19	
	15～21	5lx	17	
	22～35	3lx	12	
临武鸭	1～3	10～15lx	24	湖南省地方标准（DB43/T 1195—2016）
	4～7	10～15lx	23	
	8至出栏	5～10lx	过渡到14～16	
未指明	1～3	5W/m^2	24	江西省地方标准（DB36/T 568—2009）
	4～7	5W/m^2	23	
	8至出栏	5W/m^2	1h/d过渡到自然光照	
未指明	1～7	45W/20m^2	24	广西壮族自治区地方标准（DB45/T 1219—2015）
	8～14	45W/20m^2	16	
	15至出栏	25W/20m^2	14～10	

（续）

肉鸭品种	生长阶段（d）	光照强度	光照时间（h/d）	资料来源
未指明	1至出栏	10～15 lx（2～3W/m^2）	24	农业行业标准（NY/T 5264—2004）
未指明	1～3	10lx	24	山东省地方标准（DB37/T 381—2003）
	4～21	10lx	23	
	22至出栏	5lx	23	

二、国外肉鸭饲养光照强度和光照周期推荐值

表4-2列出了欧洲各国肉鸭养殖不同生长阶段光照周期和光照强度的推荐值，其中涉及的肉鸭品种仅限于北京鸭和番鸭，这与欧洲国家肉鸭生产和消费习惯有关。

表4-2　国外肉鸭养殖光照强度和光照周期推荐值

肉鸭品种	国家	日龄（d）	光照周期	光照强度（lx）
番鸭	德国	1～7	23L∶1D	60～80
		8～21	16L∶8D	30
		22～84	15L∶9D	20
番鸭	法国	1～7	24L∶0D	60～80
		8～14	20L∶4D	30
		15～21	16L∶8D	30
		22～84	14L∶10D	<5
北京鸭	法国	1～7	24L∶0D	60～80
		8～14	20L∶4D	30
		15～21	16L∶8D	30
		22～45	12L∶12D	10
北京鸭	英国	—	18L∶6D或23L∶1D	育雏期10lx或可变

（续）

肉鸭品种	国家	日龄（d）	光照周期	光照强度（lx）
北京鸭	德国	1～7	24L∶0D	20
		8～14	20L∶4D	15
		15～48	16L∶8D	10
北京鸭	荷兰	—	18L∶6D	30（黑暗中 2lx）

资料来源：Rodenburg 等（2005）。

第五章

肉鸭饲养空气环境质量

空气环境质量涉及温度、湿度、气体浓度、微生物菌群、微粒及气溶胶等方面，鸭场布局及鸭舍内部构造、饲养密度、通风换气、鸭只行为特性、卫生防疫等均影响鸭场及鸭舍内空气环境质量。目前，肉鸭集约化离水旱养的主要方式有网上平养、地面垫料平养和立体笼养。由于各种饲养方式下鸭舍构造、饲养密度、饲养管理方式等不同，因此舍内空气环境质量存在差异，不同饲养方式下鸭舍空气环境质量控制就显得尤为重要。

第一节　空气环境质量对肉鸭的影响

舍内空气质量差时可降低肉鸭养殖效果和免疫机能。卫生管理、饲养规模是影响鸭舍内空气环境质量的重要影响因素，通风换气时间短、消毒次数少均可显著提高鸭舍内有毒有害气体浓度和病原微生物数量。

一、卫生管理方式对鸭舍内空气环境质量的影响

卫生管理方式是影响鸭舍内空气质量的重要因素。在肉鸭垫料平养中，鸭舍内空气中的氨气浓度和微生物菌群数量随着肉鸭养殖

周龄的增加而逐渐增加。但鸭舍内卫生管理方式对舍内空气环境质量产生显著的影响。在冬季地面垫料平养鸭舍，随着通风换气时间的减少，以及料槽、水槽清洗消毒频率和垫料更换频率的明显降低，鸭舍内空气环境质量显著变差。表现在空气中需氧菌、真菌、革兰氏阴性菌、内毒素等微生物菌群及其代谢产物数量，以及氨气浓度均明显升高（表5-1）。

表5-1　不同卫生管理方式对冬季鸭舍空气环境质量的影响

鸭舍编号	1	2	3	4	5
通风方式	自然通风和排气扇通风	排气扇通风	排气扇通风	排气扇通风	排气扇通风
每天通风时间（h）	24	24	18	12	10
料槽、水槽清洗消毒及垫料更换频率	每天1次	每2d 1次	每3d 1次	每4d 1次	每5d 1次
需氧菌（$\times10^5$CFU/m^3）	0.46～2.30	0.69～5.10	0.68～5.76	0.59～5.96	0.71～8.96
真菌（$\times10^4$CFU/m^3）	0.11～3.49	0.21～3.54	0.19～3.95	0.85～5.73	0.78～8.05
革兰氏阴性菌（$\times10^4$CFU/m^3）	0.20～2.04	0.32～1.95	0.36～3.62	0.89～8.87	0.98～5.03
内毒素（$\times10^3$CFU/m^3）	0.20～25.6	0.40～72.4	0.28～102.40	0.13～144.80	0.56～144.80
氨气（mg/L）	0～4	0～12	2～10	4～15	4～14
1～8周龄死淘率（%）	4.00±1.67	8.33±0.89	18.33±2.28	17.80±4.56	31.10±5.48
8周龄日采食量（g/只）	111.9±11.8	106.6±9.1	90.4±10.3	108.3±10.8	88.6±8.0
8周龄日增重（g/只）	38.6±4.0	32.3±3.1	28.0±4.2	27.2±8.1	21.0±5.0
8周龄料重比	2.90±0.54	3.30±0.42	3.23±0.41	3.98±0.34	4.22±0.39

资料来源：于观留等（2015）。

二、舍内空气环境质量对肉鸭免疫机能的影响

舍内空气质量的好坏会严重影响肉鸭肠道健康和免疫机能（于观留，2016），通风换气次数减少、卫生管理差将直接提高舍内氨气浓度和微生物数量。氨气浓度和微生物菌群数量高的鸭舍，肉鸭盲肠中大肠杆菌、沙门氏菌等病原微生物数量显著增加，而盲肠中乳酸杆菌数量显著下降。同时，舍内空气环境质量降低会显著降低6周龄和8周龄樱桃谷鸭脾脏及法氏囊所占体重比例。另外，肉鸭血清中溶菌酶、免疫球蛋白G、T淋巴细胞转化率及禽流感抗体效价水平也随舍内空气环境质量下降而显著下降，且下降幅度急剧加快（于观留，2016）。

三、舍内空气环境质量对肉鸭养殖效果和福利的影响

在通风换气次数少、卫生管理和空气环境质量差的鸭舍内，肉鸭表现出较差的养殖效果。与通风换气时间长及垫料更换频率高的鸭舍相比，通风换气时间少及垫料更换频率低的鸭舍养殖的4周龄、6周龄和8周龄樱桃谷鸭，其采食量和日增重均显著降低，而对应的料重比显著增加。其中，采食量的下降幅度最大可达23%，而料重比增加的幅度最大可达46%。同时，1～8周龄肉鸭死淘率由4.0%上升至31.1%（表5-1；于观留，2016）。受出栏体重降低的影响，一方面空气环境质量差的鸭舍饲养的8周龄肉鸭，其屠宰重、屠宰率、全净膛率、胸肌重及胸肌率均显著下降；另一方面，舍内空气环境质量差也导致肉鸭福利水平显著下降。随着舍内氨气浓度上升、微生物数量增加等空气质量下降，肉鸭血清中促皮质肾上腺素水平显著升高，体表羽毛清洁度和肉鸭行走能力均显著下降（于观留，2016）。

四、饲养规模对立体笼养鸭舍养殖环境的影响

饲养规模显著影响肉鸭养殖环境。比较山东寿光、诸城、平度地区的大、中、小饲养规模三层立体笼养鸭舍的养殖环境质量发现，随着饲养规模的扩大，单位空间内肉鸭的饲养密度增加，鸭舍内氨气浓度明显增多，可达到18μL/L。同时，鸭舍内空气中需氧菌、真菌、金黄色葡萄球菌等微生物数量也随饲养规模的扩大而明显增加。此外，消毒对减少鸭舍内空气中微生物数量有显著的抑制作用。在不同饲养规模立体笼养鸭舍中，消毒后气载需氧菌气溶胶浓度均显著下降。不同饲养规模立体笼养鸭舍环境质量对比见表5-2。

表5-2　不同饲养规模立体笼养鸭舍环境质量对比

鸭舍规模	小	中	大
鸭舍规格（m）	80×14×3.2	100×14×3.2	106×14.5×3.2
饲养数量（万只）	2.1	2.6	3.0
饲养密度（m^3/只）	0.171	0.172	0.164
温度（℃）	30	29	29
湿度（%）	72	72	72
负压通风（纵向，Pa）	18～20	16～20	15～20
氨气（μL/L）	8	13	18
气载需氧菌（$\times10^3$CFU/m^3）	0.54～4.6	0.91～6.92	0.83～7.24
气载金黄葡萄球菌（$\times10^3$CFU/m^3）	0～0.18	0～0.45	0～0.56
气载真菌（$\times10^3$CFU/m^3）	0～0.95	0～1.53	0～1.66
气载需氧菌气溶胶（消毒前，$\times10^3$CFU/m^3）	3.34	3.12	3.77
气载需氧菌气溶胶（消毒后，$\times10^3$CFU/m^3）	0.54	0.91	0.83

资料来源：沈美艳等（2019）。

第二节　通风方式对鸭舍空气环境质量的影响

舍内空气质量状况严重影响肉鸭生长和健康，因此舍内通风换气对改善空气质量至关重要。

一、全密闭鸭舍通风方式

全密闭鸭舍是集约化肉鸭离水旱养的主要鸭舍类型，在全密闭鸭舍内，通风方式变得尤为重要和复杂，不同养殖季节应根据气候条件采取不同的通风方式和通风方案。林勇等（2019）研究了江苏地区寒冷的12月（0～15℃）、温度适宜的5月（15～25℃）、炎热的8月（>25℃）3种气候条件，以及自然通风、纵向机械通风、横向机械通风和混合通风4种通风方式对鸭舍内温度、湿度、气压、风速、氨气、二氧化碳、PM10、PM2.5、气载细菌总数、大肠杆菌数及葡萄球菌菌群数等对空气环境质量的影响。该鸭舍为东西走向，长55m，高4.5m。饲养方式为双层网上平养，双列布局，网床下均铺设粪污收集传送带。鸭舍南、北侧壁窗户数量比例为1∶1，窗户尺寸为1.6m×1.2m（左右推拉式），西侧山墙配置3台纵向风机（功率为1.4kW/台），北侧墙壁设有4台横向风机（功率为0.75kW/台）。饲养肉鸭品种为樱桃谷鸭，每批次饲养量为7 000只。不同气候条件下4种通风方式的通风方案各有不同。其中，适宜或炎热的季节均采取4种不同的人工调控通风方式：自然通风、纵向机械通风（2台纵向风机，2.8kW）、横向机械通风（4台横向风机，3.0kW），以及混合机械通风（2台纵向风机与2台横向风机，4.3kW）。寒冷时将以上4种通风方式进行适度调整：自然通风（窗户打开1/3）、纵向机械通风（1台纵向风机，1.4kW）、横向机械通风（2台横向风机，1.5kW），以及混合机械通风（1台纵向风机与2台横向风机，2.9kW）。

二、通风方式对鸭舍湿热环境的影响

在寒冷的季节（0～15℃），与自然通风方式相比，纵向机械通风与混合通风均可显著降低鸭舍内的温度与湿度；同时，横向机械通风可显著降低湿度，但对温度无显著影响。此外，在适宜或炎热时，自然通风、纵向机械通风、横向机械通风和混合通风对温度与湿度均无显著影响。其中，采用纵向机械通风与混合通风方式时鸭舍湿度最低。在寒冷、适宜、炎热 3 种气候条件下，采用纵向机械通风与混合通风方式鸭舍内风速均为最高（0.4～0.5m/s），其次为横向机械通风方式（0.3m/s），均显著高于自然通风方式（0m/s）。鸭舍温度随外界气候温度的升高显著上升，寒冷时鸭舍气压显著高于适宜或炎热时，而通风方式对气压无显著影响（表 5-3；林勇等，2019）。

表 5-3　通风方式对鸭舍湿热环境的影响

环境参数	气候	通风方式			
		自然通风	纵向机械通风	横向机械通风	混合通风
温度（℃）	寒冷	14.2±0.3	12.2±0.5	14.2±0.1	12.4±0.3
	适宜	26.1±0.3	26.2±0.6	26.4±1.0	25.6±1.0
	炎热	30.6±0.1	30.3±0.3	30.3±0.3	30.3±0.4
湿度（%）	寒冷	82.9±1.0	71.8±1.8	71.5±1.6	71.4±1.1
	适宜	72.0±9.2	69.5±6.1	70.9±7.1	67.4±9.0
	炎热	81.5±1.7	79.8±1.1	83.6±1.9	79.9±2.9
气压（hPa）	寒冷	1 019.8±2.3	1 020.1±2.3	1 020±2.3	1 020±2.4
	适宜	1 005.2±1.8	1 004.7±1.6	1 004±1.0	1 006±0.9
	炎热	1 000.9±0.7	1 000.5±0.8	1 001±0.3	1 001±0.3
风速（m/s）	寒冷	0.0±0.1	0.4±0.0	0.3±0.0	0.4±0.0
	适宜	0.0±0.0	0.4±0.0	0.3±0.0	0.5±0.0
	炎热	0.0±0.0	0.4±0.0	0.3±0.0	0.4±0.0

资料来源：林勇等（2019）。表 5-4 至表 5-7 的资料来源与此表相同。

三、通风方式对鸭舍有害气体浓度的影响

在寒冷、适宜和炎热气候下，采用纵向机械通风与混合通风方式时鸭舍内氨气质量浓度均显著低于自然通风方式；横向机械通风

方式鸭舍氨气质量浓度略低于自然通风方式，但无显著差异，且自然通风方式鸭舍氨气浓度在寒冷时显著高于纵向机械通风与混合通风方式。另外，在各种气候条件下，纵向机械通风与混合通风方式鸭舍内的二氧化碳质量浓度均显著低于自然通风与横向机械通风方式，而自然通风与横向机械通风方式间均无显著差异。此外，不同气候未对鸭舍氨气浓度造成显著影响。在寒冷与适宜的气候时，横向机械通风方式鸭舍内二氧化碳浓度显著高于炎热气候，自然通风、纵向机械通风和混合通风等通风方式鸭舍内二氧化碳质量浓度由高至低均依次为寒冷、适宜与炎热气候，且不同气候间差异显著（表5-4；林勇等，2019）。

表5-4 不同通风方式对鸭舍有害气体浓度的影响（mg/m^3）

环境参数	气候	通风方式			
		自然通风	纵向机械通风	横向机械通风	混合通风
氨气	寒冷	3.7±0.1	2.0±0.1	3.3±0.2	2.1±0.3
	适宜	3.1±0.7	1.1±0.2	2.4±0.6	1.1±0.3
	炎热	3.2±0.6	1.6±0.3	2.4±0.1	1.3±0.2
二氧化碳	寒冷	2 607±74	1 668±37	2 172±104	1 774±58
	适宜	1 921±126	1 371±41	1 907±174	1 251±39
	炎热	1 261±77	911±30	1 137±88	925±31

四、通风方式对鸭舍微粒浓度的影响

在寒冷、适宜和炎热3种气候条件下，纵向机械通风鸭舍PM10浓度均为最低，其次为混合通风方式，其中寒冷与炎热季节时纵向机械通风鸭舍内PM10均显著低于自然通风方式。炎热条件下混合、纵向机械通风方式鸭舍PM2.5浓度显著低于自然通风方式。在寒冷和适宜两种气候条件下混合、纵向机械通风方式鸭舍PM2.5质量浓度均显著低于横向机械通风方式及自然通风方式

（表 5-5；林勇等，2019）。

表 5-5　通风方式对鸭舍微粒浓度的影响（μg /m³）

环境参数	气候	通风方式			
		自然通风	纵向机械通风	横向机械通风	混合通风
PM10	寒冷	551.0±77	245±81	467±70	294±77
	适宜	320.0±72	260±63	312±47	263±52
	炎热	367.0±59	234±21	286±29	239±18
PM2.5	寒冷	361±75	166±53	294±55	201±51
	适宜	255±65	214±60	245±43	210±54
	炎热	309±51	209±10	220±27	195±22

五、通风方式对鸭舍气载微生物浓度的影响

在寒冷气候条件下，纵向机械通风、混合通风与横向机械通风方式鸭舍内气载细菌总数依次为 5.37lgCFU/m³、5.40lgCFU/m³ 及 5.53lgCFU/m³，均显著低于自然通风鸭舍（5.78 lgCFU/m³），且纵向机械通风方式的效果低于横向机械通风方式。在温度适宜或炎热季节，自然通风、纵向机械通风、横向机械通风和混合通风对鸭舍气载细菌总数均无显著影响。寒冷时，纵向机械通风鸭舍气载大肠菌群浓度最低，显著低于自然通风方式。在炎热气候条件下，混合通风鸭舍气载大肠菌群浓度显著低于横向机械通风方式。此外，通风方式未对适宜气候时鸭舍气载大肠菌群浓度造成显著影响。寒冷时，纵向机械通风与混合通风方式鸭舍气载葡萄球菌浓度显著低于自然通风方式。适宜与炎热时，与自然通风方式相比，纵向机械通风与混合通风方式未对气载葡萄球菌浓度形成显著影响。寒冷时，自然通风鸭舍气载细菌总数、葡萄球菌浓度显著高于适宜与炎热时的情况（表 5-6）。

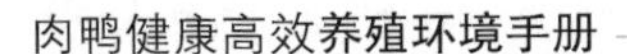

表 5-6　通风方式对鸭舍气载微生物浓度的影响（lgCFU/m³）

环境参数	气候	通风方式			
		自然通风	纵向机械通风	横向机械通风	混合通风
细菌总数	寒冷	5.78±0.03	5.37±0.02	5.53±0.04	5.40±0.07
	适宜	5.24±0.06	5.22±0.09	5.30±0.08	5.18±0.12
	炎热	5.24±0.03	5.21±0.04	5.41±0.15	5.26±0.06
大肠菌群	寒冷	3.36±0.10	3.00±0.13	3.22±0.08	3.10±0.06
	适宜	3.34±0.30	2.98±0.50	3.27±0.14	2.99±0.40
	炎热	3.25±0.21	3.18±0.15	3.64±0.07	2.86±0.24
葡萄球菌	寒冷	5.50±0.02	5.13±0.05	5.34±0.05	5.24±0.13
	适宜	5.18±0.09	5.09±0.10	5.23±0.12	5.16±0.08
	炎热	5.15±0.03	5.14±0.06	5.38±0.01	5.23±0.03

六、通风方式对鸭舍内特定区域有害气体质量浓度的影响

与自然通风相比，纵向机械通风、混合通风方式可显著改善鸭舍正中处及排风处氨气与二氧化碳的质量浓度。横向机械通风方式仅可显著改善鸭舍正中处二氧化碳的质量浓度，而鸭舍正中处与排风处氨气和二氧化碳质量浓度均显著高于纵向机械通风与混合通风方式。此外，纵向机械通风方式下鸭舍正中处的氨气与二氧化碳质量浓度均显著低于排风处，混合通风方式下鸭舍正中处的二氧化碳质量浓度显著低于排风处。其余环境参数在不同区域分布无显著性差异（表 5-7；林勇等，2019）。

表 5-7　通风方式对鸭舍内特定区域有害气体质量浓度的影响（mg/m³）

通风方式	氨气		二氧化碳	
	正中处	排风处	正中处	排风处
自然通风	3.4±0.3	3.3±0.2	2 004±100	1 958±75
纵向机械通风	0.9±0.1	2.0±0.2	1 226±22	1 408±57
横向机械通风	2.6±0.3	2.8±0.2	1 626±112	1 846±134
混合通风	1.3±0.2	1.7±0.4	1 204±55	1 430±41

第三节　鸭舍空气环境质量参数最高限量

目前，国内外针对鸭舍空气环境质量最高限量的研究报道严重缺乏。鸭舍空气环境质量参数最高限量往往参考鸡舍的相关环境质量标准。

一、国内鸭舍空气环境质量参数最高限量

国内对肉鸭养殖场鸭舍空气质量最高限量包含在畜禽养殖场通用的空气环境质量标准中，无专门化的肉鸭舍空气环境质量标准。表5-8列出了我国农业行业标准中给出的禽舍氨气、硫化氢、二氧化碳、PM10可吸入颗粒物、总悬浮颗粒物和恶臭等空气质量指标的最高限量，但该标准对鸭舍空气中氨气、硫化氢、二氧化碳等有毒有害气体最高限量的要求要严于枫叶农场公司制定的鸭舍内空气质量标准。然而，在立体笼养鸭舍中，夏季舍内二氧化碳浓度接近我国农业行业标准的最高限量，而在冬季舍内二氧化碳浓度明显超过我国行业标准的最高限值，可参考《畜禽场环境质量标准》(NY/T 388—1999)，见表5-8。因此，考虑到鸭舍空气环境质量易受饲养方式的影响，鸭舍空气环境质量参数最高限量还有待针对肉鸭饲养方式转型升级而进一步完善。

表5-8　家禽养殖场舍内空气环境质量最高限量（mg/m^3）

空气质量指标	雏禽	成年禽
氨气	10	15
硫化氢	2	10
二氧化碳	1 500	
PM10可吸入颗粒物	4	

（续）

空气质量指标	雏禽	成年禽
总悬浮颗粒物	8	
恶臭/稀释倍数	70	

资料来源：《畜禽场环境质量标准》（NY/T 388—1999）。

二、国外鸭舍空气环境质量参数最高限量

国外专门针对鸭舍空气环境质量方面的法律法规及相关标准未见相关报道。表 5-9 给出了美国枫叶农场公司制定的鸭舍内空气质量标准。Jones 和 Dawkins（2010）监测了英国 3 个大型肉鸭养殖公司 7 个农场的 23 个地面垫料平养鸭舍的空气环境质量和养殖效果，该鸭舍养殖的肉鸭出栏时体重为3.0～3.9kg。但英国地面垫料平养鸭舍舍内氨气浓度范围为 1.8～34.6μL/L，可能高于我国行业标准对舍内氨气的最高限量（表 5-8），但略低于枫叶农场公司鸭舍氨气浓度最高限量（表 5-9）。

表 5-9　枫叶农场公司给出的鸭舍空气环境质量最高限值（μL/L）

空气质量指标	最高限值
氨气	20
一氧化碳	35
二氧化碳	3 000
硫化氢	5
相对湿度	50%～70%，不得高于舍外相对湿度的 15%

第六章
肉鸭饲养与环境控制典型案例

饲养方式是影响肉鸭养殖环境的关键因素，是肉鸭环境控制技术集成的具体体现。我国肉鸭离水旱养模式在许多方面借鉴了肉鸡等其他家禽方面现有的成熟饲养模式，并在养殖实践中不断优化和完善。为了满足我国肉鸭养殖规模扩大和肉鸭产业高质量绿色发展的需求，许多大型肉鸭养殖企业均摸索出了各具特点且行之有效的集养殖、粪污处理于一体的绿色饲养模式。本章列出了网上平养、立体笼养等肉鸭常用饲养方式的典型应用案例，希望为肉鸭健康高效养殖与环境控制提供技术指导。

第一节　山东荣达农业发展有限公司肉鸭饲养模式与应用

一、企业基本情况

山东荣达农业发展有限公司（以下简称“荣达公司”）创立于2004年，是一家集种鸭饲养、鸭苗孵化、商品肉鸭养殖、饲料加工、成品鸭回收分割加工及冷冻贮存、鸭油深加工、纸箱包装为一体的山东省省级农业产业化重点龙头企业。目前，荣达公司有存栏种鸭60万只；孵化场1处，年生产鸭苗1.1亿只；饲料加工厂3

处，年产饲料 100 万 t；肉鸭宰杀线 5 条，日宰杀肉鸭 22 万只；油脂厂 1 处，年产油脂 3 万 t；纸箱生产厂 1 处，年产纸箱 3 300 万个。带动养殖的农户辐射高唐县的 460 多个自然村、2 000 个养殖户，解决农村剩余劳动力 4 000 人，同时也有效促进了建筑、运输、抓鸭队、餐饮等相关行业的发展。2013 年以来，荣达公司升级养殖板块，发展建设农场项目，将原来“公司＋农户”模式变为“公司＋农场”模式，致力于向环境友好型企业转型，从基本产业改造开始，到生态品种种植，再到养殖模式升级，荣达公司正在向环境友好型企业的方向发展。

荣达公司饲养的肉鸭品种主要是以北京鸭为代表的白羽肉鸭，创建了以箱式智能化育雏器和多层立体笼养为基础的肉鸭集中育雏饲养模式，以及网上养殖＋牧草种植的“生态农场”养殖模式，提高了肉鸭健康水平，减少了肉鸭养殖对环境的污染，实现了种养结合的良性循环。

二、肉鸭集中育雏模式与环境控制

出壳后前 3d 是肉鸭饲养周期中最关键的生长阶段。在该阶段，肉鸭饲养对环境温度的要求最高，尤其是冬季的保温隔热已经成为育雏的关键。为提高雏鸭的成活率，荣达公司在养殖实践中应用了箱式智能化集中育雏模式和多层立体笼养集中育雏模式。

（一）箱式智能化集中育雏模式

1. 相关介绍 肉鸭箱式智能化集中育雏模式是以荷兰进口的全自动饲养设备为基础研发的新型育雏设备（图 6-1），包括育雏框、制冷制热系统、循环风扇、进风排风系统、散热器、环境参数控制器、硬件控制器、变频控制器等部分。该设备分为 8 个育雏单元，每个单元可育雏 2.7 万只，每批次累计集中育雏 21 万只以上。每个育雏单元包含 792 个面积约为 0.384m^2的育雏框（图 6-2A），每个育雏框内可容纳 30～35 只雏鸭。喂料、饮水、通风换气、光照、温度、湿度、有毒有害气体浓度等环境参数控制均通过传感器采用自动化控制（图 6-3）。其中，喂料用育雏框侧面料槽（图 6-2B），饮水用育雏器内带有自动冲洗功能的水槽（图 6-4A），光照用 LED 灯（图 6-4B）。育雏时间为 0～3 日龄，累计时间为 72h。集中育雏 3d 后的雏鸭被转至肉鸭被生态农场进行网上饲养育肥至出栏。

图 6-1　箱式智能化集中育雏设备箱体

2. 环境控制及饲养效果　在箱式智能化集中育雏设备箱体中，0～3 d 饲养密度为 90 只/m^2。箱体内环境温度设置为：0～6h，34.7℃；7～24h，34.2℃；25～36h，33.6℃；37～48h，33.3℃；49～54h，32.8℃；55～72h，32.5℃；73～84h，32.2℃。箱体内环境相对湿度控制在 60%～65%。实行全程 24h 连续光照，光照强度为 10lx 以上。育雏后 3 日龄肉鸭平均体重可达 90g 以上，成活率可达 99.5%以上。

图 6-2　带料槽的育雏框

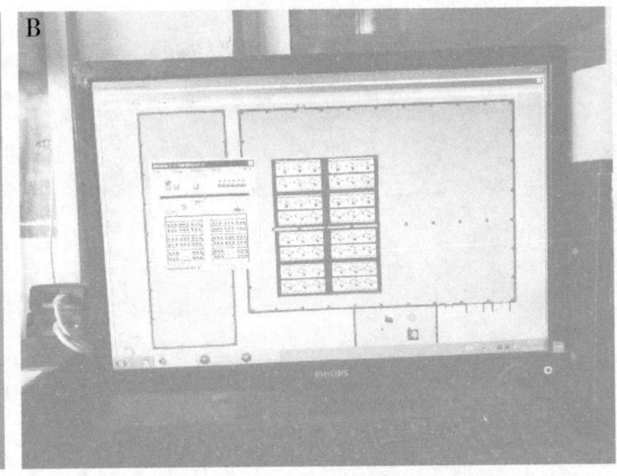

图 6-3　箱式育雏器环境参数监测系统（A）和自动控制系统（B）

图 6-4　箱体内自动换水的水槽（A）和照明系统（B）

（二）多层立体笼养集中育雏模式

1. 相关介绍 多层立体笼养集中育雏模式是荣达公司肉鸭集中育雏的另一种饲养方式。目前，已建立了 3 个由 15 栋鸭舍组成的多层立体笼养＋黑膜氧化塘粪污处理，以及种养结合的多层立体笼养肉鸭集中育雏基地，育雏鸭主要是以北京鸭为代表的白羽肉鸭。多层立体笼养鸭舍为全密闭式（图 6-5B），每栋鸭舍育雏规模可达 8 万只，笼具为 H 型，在舍内分为 6 列纵向排布，每列笼具为 3 层叠层式网床，每层网床只有底网和外围护网，网床上部无顶层网。每笼面积约为 $6m^2$。每层笼底安装粪污传送带，可将粪污传送至笼具末端进行集中收集。用水线乳头和开饮器进行供水，用自动给料系统进行喂料（图 6-6），用空气能热交换机组（图 6-7A）进行通风换气，用热交换水泵供热机组（图 6-8A）通过笼底水暖管道（图 6-8B）进行供暖，用 LED 灯进行光照（图 6-5）。肉鸭养殖集中收集的粪污通过舍内循环泵抽送至舍外，经管道进入黑膜氧化塘（图 6-9），进行厌氧发酵处理后用于农作物种植。

2. 育雏环境控制和饲养效果 多层立体笼养集中育雏时间为 0～5d，肉鸭饲养密度保持在 40 只/m^2，舍内环境温度保持在 30℃

图 6-5　立体笼养集中育雏鸭舍外部（A）和内部（B）

图 6-6　肉鸭饮水和喂料系统

图 6-7　空气能热交换机组（A）及舍内通气管道（B）

图 6-8　热交换水泵供热系统（A）及笼底水暖管道（B）

图 6-9　笼底粪带（A）及舍外黑膜氧化塘（B）

以上，舍内空气相对湿度在 60%。实行 24h 全程光照，育雏后 5 日龄肉鸭平均体重可达 140g 以上，成活率可达 99.4%以上。

三、肉鸭育肥网上饲养模式、环境控制与饲养效果

网上平养是荣达公司肉鸭育肥的主要饲养方式，主要用于集中育雏后肉鸭的养殖。

（一）网上饲养模式

荣达公司构建了网上养殖＋牧草种植的“生态农场”养殖模式（图 6-10）。集中育雏后的 3～7 日龄肉鸭可转入肉鸭生态农场进行网上饲养育肥至出栏。目前，荣达公司已经建设肉鸭生态农场 140 个，每个生态农场占地约 66 667m^2。其中，可养殖商品肉鸭 3 万只。养殖区域 1.3hm^2，5.3hm^2 种植区域主要种植杂交狼尾草、柳枝稷、荻草等牧草品种。养殖区由 4 栋全密闭网上饲养鸭舍组成（图 6-11），每栋鸭舍每批次可养肉鸭 8 000 只，鸭舍内供水、供料、供暖、消毒、通风等完全实现自动化控制。鸭舍建筑规格为

126m×12m，舍内建有 40～50cm 高的网床，以水泥柱作为支架，以塑钢绳和塑料网作为网床的底面（图 6-12）。肉鸭在网床上饲养。舍外料塔内的饲料通过管线自动输送到料桶内，饮水采用水线乳头或普拉松饮水器给水（图 6-13）。山墙上的大功率风机和侧墙上的通风小窗用于鸭舍换气，夏季用湿帘降温，冬季用热风炉供热保暖，用节能灯照明。肉鸭养殖产生的粪污经集中收集发酵处理后输送至种植区作为有机肥用于牧草种植。

图 6-10　种养结合的肉鸭生态农场

视频2

图 6-11　带湿帘（A）和料桶（B）的网上饲养鸭舍

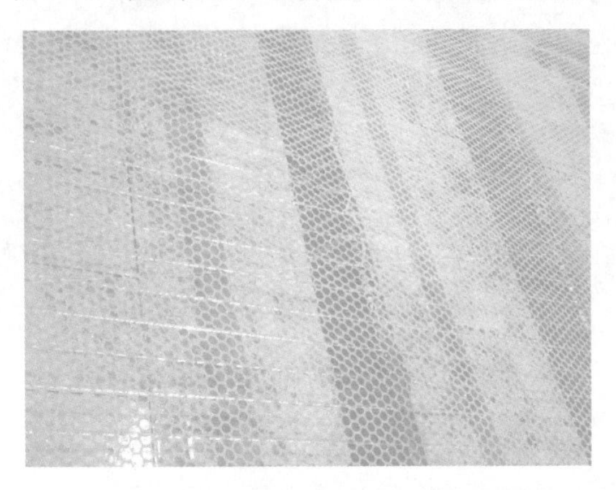

图 6-12　塑钢绳和塑料网组成的网床

图 6-13　喂料给水设备

（二）环境控制和饲养效果

肉鸭网上平养育肥时间从出生后 3～5d 开始饲养至 40d 左右出栏。肉鸭饲养密度保持在 7～10 只/m²，在肉鸭入舍时舍内环境温度保持 25～30℃。随后舍内环境温度每周下降 4～8℃，直至达到室温。同时，实行全程 24h 连续光照，光照强度为5～10lx。网上达到平养瘦肉型白羽肉鸭成活率在 95%以上，通常在 40 日龄左右出栏，出栏时平均体重可达 3.0kg 以上，料重比为 1.84∶1。

第二节　河北东风养殖有限公司肉鸭饲养模式与应用

一、企业基本情况

河北东风养殖有限公司始建于 1991 年，经过 20 多年的努力，已由最初的一家小饲料厂发展成集种鸭养殖、孵化、肉鸭放养、回收、屠宰加工、鸭坯生产、熟食加工、冷链物流于一体的河北省农业产业化重点龙头企业。公司总投资 1.2 亿元，占地 7.3hm²，建筑面积达 6.5m²。下设 2 个种鸭场，鸭存栏量 10 万只，品种为 Z 型北京鸭和南口 1 号鸭，年出栏商品鸭 1 300 万只。建有肉鸭屠宰生产流水线 2 条和 5 000t 冷藏库及配套设施，年屠宰能力达 1 000 万只，年生产冻鲜北京烤鸭坯、中装鸭等肉鸭系列产品23 000 多 t。目前，河北东风养殖有限公司已经成为河北省肉鸭产业技术研究院的依托单位。

在肉鸭饲养模式方面，河北东风养殖有限公司饲养的肉鸭品种主要为烤鸭专用免填的肉脂型北京鸭。以网上平养为主要饲养模式，构建生态农场肉鸭养殖生产模式。农场中心区域用来养殖肉鸭，四周配套种植竹柳、桑树或杂交狼尾草等植物，实现种养结合，推进肉鸭养殖污染的零排放。

二、肉鸭网上平养饲养模式

河北东风养殖有限公司构建了以网上平养为主要饲养方式的肉鸭生态养殖农场。占地 0.67hm^2 左右，建有 7 栋全密闭鸭舍（图 6-14），每栋鸭舍长 80m，每栋鸭舍每批次可饲养肉脂型北京鸭 6 000余只，肉鸭从出壳至出栏全程采用网上平养饲养方式。舍内建有 40～50cm 高的网床，用钢筋水泥制作支架，塑钢绳和塑料网作为网床。网床下铺设水泥地面，并配置刮粪板。网床上采用拉链式料线自动给料，带托盘乳头式饮水器自动给水（图 6-15）。鸭舍内采用节能灯全程 24h 光照。侧墙小窗和山墙采用由大功率风机组成的纵向机械通风和横向机械通风混合方式，夏季在山墙和侧墙上采用湿帘进行防暑降温。冬季育雏采用电力或燃气热风炉进行供暖保温（图 6-16）。粪污经排污管道集中收集至暂存池经阳光棚异位发酵床好氧发酵处理（图 6-17），然后作为有机肥用于竹柳、桑树或杂交狼尾草等植物种植。

图 6-14　山墙和侧墙安装湿帘的全密闭鸭舍（A）及舍内网上平养肉鸭（B）

图 6-15　带托盘乳头饮水器和自动给料的料桶

图 6-16　供暖用电力（A）和燃气热风炉（B）

图 6-17　异位发酵床好氧发酵阳光棚（A）和翻耙机（B）

三、肉鸭网上平养环境控制与饲养效果

烤鸭专用肉脂型北京鸭全程在网上平养，饲养时间为 0～42d。1～14d 饲养密度为 30～40 只/m^2，14 d 以后饲养密度为 6～8 只/m^2。采用热风炉进行舍内温度控制。舍内环境温度设置为：1～3 d，30～32℃；4～7d，27～29℃；以后每周降低 2～3℃，直至室温。舍内空气相对湿度 1～10 d 不低于 50%，以后应保持在 60%～80%。舍内采用节能灯进行人工照明，实行全程 24h 连续光照。1～6d 光照强度为 20lx，7d 至出栏时光照强度逐渐降至 5lx。此外，舍内通风换气采取以纵向负压通风为主、横向机械通风为辅的方式。及时采用刮粪板清理网床下粪污，依据舍内温度、湿度和有毒有害气体浓度开启运行风机数量及侧墙小窗数量来调整风速，控制舍内环境质量。网上平养烤鸭专用肉脂型白羽肉鸭成活率在 98%以上，通常在 40 日龄左右出栏，出栏时平均体重可达 3.0kg 以上，料重比为 2.20∶1。

第三节　江苏众客食品股份有限公司肉鸭饲养模式与应用

一、企业基本情况

江苏众客食品股份有限公司成立于 2004 年，现已发展成为集品种繁育、种禽养殖与孵化、饲料研发及生产、禽肉屠宰与加工、调理品及熟食商业连锁、农业物联网、行业大数据与分析、产业投资为一体的全产业链生态型农牧食品企业。目前，公司拥有肉鸭屠宰厂 13 家，共 14 条生产线，年肉鸭屠宰量达 3 亿只左右，供应肉鸭分割产品达 70 多万 t。

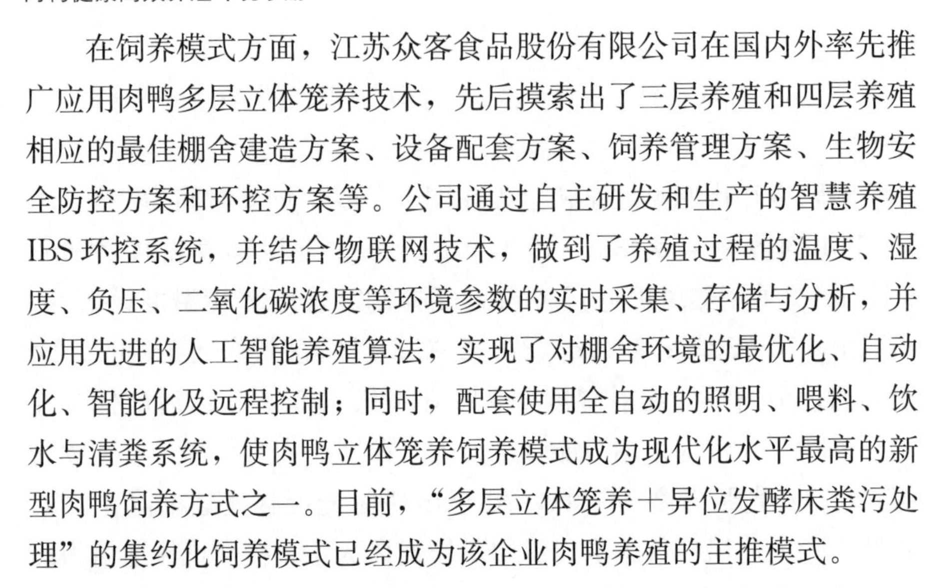

在饲养模式方面，江苏众客食品股份有限公司在国内外率先推广应用肉鸭多层立体笼养技术，先后摸索出了三层养殖和四层养殖相应的最佳棚舍建造方案、设备配套方案、饲养管理方案、生物安全防控方案和环控方案等。公司通过自主研发和生产的智慧养殖IBS环控系统，并结合物联网技术，做到了养殖过程的温度、湿度、负压、二氧化碳浓度等环境参数的实时采集、存储与分析，并应用先进的人工智能养殖算法，实现了对棚舍环境的最优化、自动化、智能化及远程控制；同时，配套使用全自动的照明、喂料、饮水与清粪系统，使肉鸭立体笼养饲养模式成为现代化水平最高的新型肉鸭饲养方式之一。目前，“多层立体笼养+异位发酵床粪污处理”的集约化饲养模式已经成为该企业肉鸭养殖的主推模式。

二、肉鸭立体笼养饲养模式

“多层立体笼养+异位发酵床粪污处理”是江苏众客食品股份有限公司主推的肉鸭饲养模式，立体笼养饲养肉鸭品种是为以北京鸭为代表的瘦肉型白羽肉鸭。多层立体笼养鸭舍为全密闭鸭舍（图6-18），舍内配有环境参数智能化监测控制系统（图6-19）。一栋鸭舍饲养的肉鸭数量可达2.5万～3.0万只。鸭舍内肉鸭立体笼具为H型笼具，通常在舍内分为6列纵向排布，每列笼具为3～4层的叠层式网床，每层网床只有底网和外围护网，上无顶层网（图6-20）。每层笼位下方设置与笼位宽度相匹配的凹型粪污收集自动传输带（图6-21），传输带末端设置配套粪污收集池或粪污收集管网。每层宽度不低于1 000mm，高度不低于650mm，两层之间高度不低于520mm，每笼饲养密度不大于16只/m^2。采用外翻敞开笼门，采食、饮水空间大小能够根据鸭日龄大小进行调整。网床底网采用塑料网床或加粗冷拔镀锌钢丝，上面铺垫塑料网，两侧采用镀锌冷拔钢丝。喂料用单侧或双侧料槽，供料用运行平稳、低噪声、减变

图 6-18　多层立体笼养鸭舍

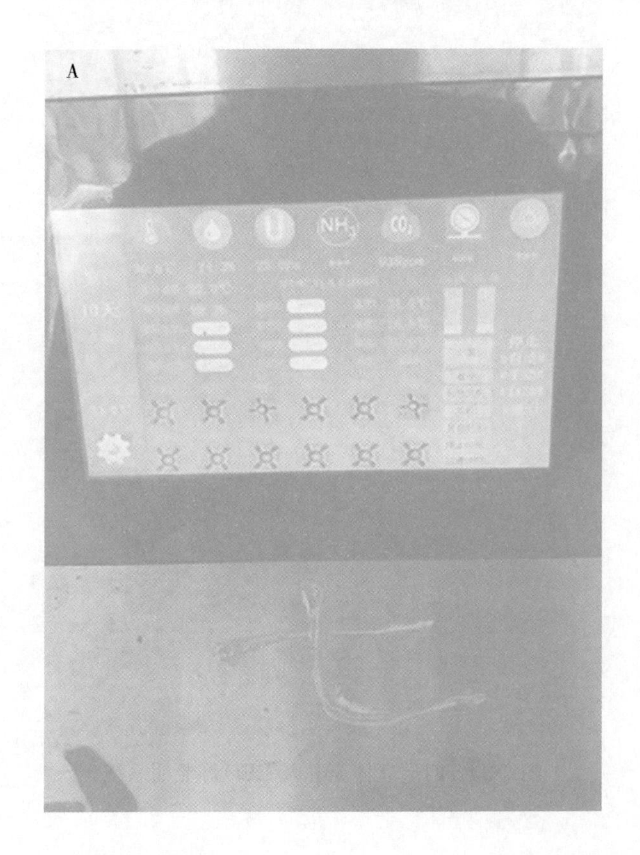

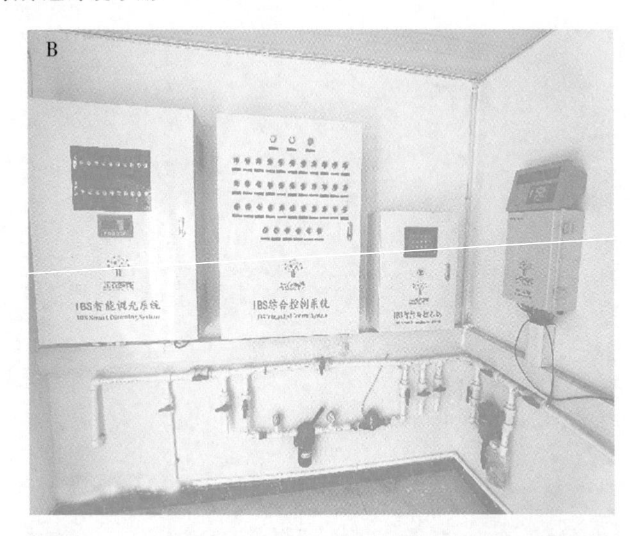

图 6-19　鸭舍设备运行及环境参数智能化监测控制系统

图 6-20　四层立体笼养及 LED 灯照明系统

图 6-21　清粪层叠式传送带

速电机做动力的播种式行车机械喂料系统（图 6-22）。饮水采用带托盘的乳头式自动饮水器（图 6-23）。照明采用全塑外壳，直流安全低电压供电的 LED 灯芯灯带（图 6-20）。通风换气采用抽风机纵向负压通风方式（图 6-24）。夏季采用波纹纸湿帘结合风机负压通风降温（图 6-24 和图 6-25），冬季采用空气能热交换采暖机组供热保暖。清粪用层叠式传送带清粪机，粪带为 PP 或 PE 材质。鸭粪被输送到棚外粪污临时储粪池中暂存，随后通过密闭管网被输送至黑膜氧化塘（图 6-26）和阳光棚异位生物发酵床（图 6-27）中进行发酵处理。在阳光棚里，粪污经翻耙机与生物发酵床垫料混合后进行异位好氧发酵处理，发酵处理后的垫料用于制作生物有机肥。

图 6-22　单侧料槽和机械喂料系统

视频4

图 6-23　带托盘的乳头式自动饮水器

图 6-24　纵向机械负压通风的抽风机

图 6-25　鸭舍湿帘降温系统和料桶

图 6-26　鸭舍配套黑膜氧化塘

图 6-27　阳光棚异位生物发酵床和翻耙机

三、肉鸭立体笼养环境控制及饲养效果

多层立体笼养通常用于以北京鸭为代表的瘦肉型白羽肉鸭的饲养，饲养期为 0～38d。饲养密度：1～9d，42～48 只/m^2；9d 以后，14～16 只/m^2。采用空气能热交换取暖机组供暖进行舍内温度控制。舍内环境温度设置为：1～3d，30～33℃；4～7d，27～29℃。育雏期间一定要注意掌握好温度，切忌忽冷忽热，每天的温差波动不宜超过 2℃；以后每周降低 2～3℃，至室温达到20～25℃时恒定，保证温差在 4℃以内。舍内空气相对湿度 1～10 d 不低于 50%，以后应维持在60%～80%。尽量保持每层网床底网清洁。舍内采用 LED 灯芯光带照明，实行全程 24h 连续光照。1～6d 光照强度为 20lx，7d 至出栏光照强度逐渐降至 5lx。同时，舍内采取机械负压通风，根据季节、肉鸭日龄不同，分为最小通风、过渡通风和纵向通风 3 种模式。每天及时清理层叠式传送带上的粪污，依据舍内温度、湿度和有毒有害气体浓度适时运行风机数量并调整风速，来控制舍内空气环境质量。立体笼养瘦肉型白羽肉鸭成活率在 98%以上，通常在 38 日龄左右出栏，出栏时平均体重可达 3.0kg 以上，料重比为 1.80∶1。

主要参考文献

管清苗，丁为民，郭彬彬，等，2020. 山东夏冬季节层叠式笼养肉鸭舍环境参数测定[J]. 农业工程学报，36（20）：246-253.

崔家杰，2019. 光色对樱桃谷肉鸭生长性能的影响［D］. 广州：华南农业大学.

侯水生，刘灵芝，等，2021. 2020年水禽产业现状、未来发展趋势与建议［J］. 中国畜牧杂志，57（3）：235-239.

李明阳，2019. 立体多层笼养肉鸭舍夏冬季环境参数与生产性能的研究［D］. 南京：南京农业大学.

李明阳，应诗家，戴子淳，等，2020. 新型肉鸭养殖模式生产性能及经济效益对比分析［J］. 中国家禽 42（4）：80-85.

林勇，王建军，施振旦，等，2015. 不同季节与饲养密度条件下发酵床养殖对肉鸭生产性能的影响［J］. 家畜生态学报，36（3）：78-82.

林勇，赵伟，姚文，等，2019. 不同通风方式对两层两列式网床肉鸭舍环境的影响［J］. 家畜生态学报，40（9）：65-71.

刘砚涵，李祎宇，冯献程，等，2018. 饲养密度对北京鸭黏膜免疫、消化功能及血液抗氧化能力的影响［J］. 中国家禽，40（16）：39-42.

刘淑英，齐景伟，赵怀平，等，2006a. 不同光照条件下褪黑素对鸡鸭鹌鹑外周血淋巴细胞及其亚群变化的影响［J］. 中国兽医科学，36：327-330.

刘淑英，齐景伟，张有存，等，2006b. 不同光照条件下褪黑素对鸡鸭外周血白细胞和 γ- IFN 含量变化的影响［J］. 中国家禽，28（19）：73-75.

刘安芳，李仕璋，赵智华，等，2001. 光照制度对肉鸭生产性能和脂肪沉积的影响［J］. 中国家禽，23（3）：10-12.

龄南，刘淑英，刘志楠，2005. 不同光照条件下褪黑素对鸭外周血细胞消长规律的影响［J］. 畜牧与饲料科学，6：27-29.

沈美艳，孙秋艳，李舫，等，2019. 笼养肉鸭舍内微生物气溶胶的检测［J］. 中国家禽，2019，41（3）：56-58.

孙培新，唐静，申仲健，等，2019. 环境温度对 14-35 日龄北京鸭生长性能和血液指标的影响［J］. 动物营养学，31（11）：5046-5052.

孙培新，2020. 环境温度对肥育期北京鸭生长和抗氧化机能的影响及其自身调节机制研究［D］. 北京：中国农业科学院.

谢强，2018. 光照强度对樱桃谷肉鸭生产性能及褪黑激素受体基因表达影响［D］. 广州：华南农业大学.

辛海瑞，2016. 不同光照因素对北京鸭生产性能、胴体性能、肉品质及抗氧化性能的影响［D］. 北京：中国农业科学院.

辛海瑞，潘晓花，杨亮，等，2016. 光照强度对北京鸭生产性能、胴体性能及肉品质的影响［J］. 动物营养学报，28（4）：1076-1083.

于观留，刘纪园，王叶，等，2015. 冬季大棚养鸭模式中微生物气溶胶对肉鸭应激和生产性能的影响［J］. 动物营养学报，27（11）：3402-3410.

于观留，2016. 微生物气溶胶污染对肉鸭生长性能_福利水平及免疫功能的影响［D］. 泰安：山东农业大学.

张有聪，齐景伟，龄南，等，2006. 不同光照条件下褪黑素对鸡鸭外周血中白介素含量变化的影响［J］. 饲料广角，14：25-26.

AHAOTU EO，AGBASU C A，2015. Evaluation of the stocking rate on growth performance，carcass traits and meat quality of male Peking ducks［J］. Scientific Journal of Biological Sciences，4（3）：23-29.

CAMPBELL C L，COLTON S，HAAS R，et al，2015. Effects of different wavelengths of light on the biology，behavior，and production of grow-out Pekin ducks［J］. Poultry Science，94（8）：1751-1757.

FEDERATION OF ANIMAL SCIENCE SOCIETIES，2010. Guide for the care and use of animals in agricultural research and teaching［M］. 3rd rev. ed. Fed. Anim. Sci. Soc.，Champaign，IL.

FRALEY S M，FRALEY GS，KARCHER，D M，et al，2013. Influence of plastic slatted floors compared with pine shaving litter on Pekin duck condition during the summer months［J］. Poultry Science，92：1706-1711.

HAGAN A A，HEATH J E，1976. Metabolic response of Pekin ducks to ambient temperature［J］. Poultry Science，55：1899-1905.

HASSAN M R，SULTANA S，SEON K，et al，2017. Effect of various monochromatic LED light colors on performance，blood properties，bone mineral density，and meat fatty acid composition of ducks［J］. Journal of Poultry Science，54（1）：66-72.

JONES T A，DAWKINS M S，2010. Environment and management factors affecting Pekin duck production and welfare on commercial farms in the UK［J］. British Poultry Science，51：12-21.

KARCHER D M，MAKAGON M M，FRALEY G S，et al，2013. Influence of raised plastic floors compared with pine shaving litter on environment and Pekin duck condition［J］. Poultry Science，92：583-590.

MAPLE LEAF FARMS，2012. Maple Leaf Farms Duck Well-Being Guidelines.

PARK B，UM K，PARK S，et al，2018. Effect of stocking density on behavioral traits，blood biochemical parameters and immune responses in meat ducks exposed to heat stress［J］. Archives Animal Breeding，61（4）：425-432.

RODENBURG T B，BRACKE M B M，BERK J，et al，2005. Welfare of ducks in European duck husbandry systems［J］. World's Poultry. Science Journal，61：

633-646.

SUN P X, TANG J, HUANG W, et al, 2019. Effects of ambient temperature on growth performance and carcass traits of male growing White Pekin ducks [J]. British Poultry Science, 60: 513-516.

WU Y, LI J, QIN X, et al, 2018. Proteome and microbiota analysis reveals alterations of liver-gut axis under different stocking density of Peking duck [J]. PLoS One, 13 (10): e0198985.

XIE M, FENG Y L, JIANG Y, et al, 2019. Effects of post-brooding temperature on performance of starter and growing Pekin ducks [J]. Poultry Science, 98: 3647-3651.

ZHANG Y R, ZHANG L S, WANG Z, et al, 2018. Effects of stocking density on growth performance, meat quality and tibia development of Pekin ducks [J]. Animal Science Journal, 89: 925-930.

图书在版编目（CIP）数据

肉鸭健康高效养殖环境手册 / 谢明等主编 .—北京：中国农业出版社，2021.6

（畜禽健康高效养殖环境手册）

ISBN 978-7-109-28649-8

Ⅰ.①肉… Ⅱ.①谢… Ⅲ.①肉用鸭－饲养管理－手册 Ⅳ.①S834-62

中国版本图书馆 CIP 数据核字（2021）第 164130 号

中国农业出版社出版

地址：北京市朝阳区麦子店街 18 号楼

邮编：100125

策划编辑：周晓艳 王森鹤

责任编辑：周晓艳

数字编辑：李沂航

版式设计：杜 然 责任校对：周丽芳

印刷：北京通州皇家印刷厂

版次：2021 年 6 月第 1 版

印次：2021 年 6 月北京第 1 次印刷

发行：新华书店北京发行所

开本：700mm×1000mm 1/16

印张：7.5

字数：105 千字

定价：36.00 元
